U0198764

狗狗家庭医学
健康百科

（韩）李俊燮　（韩）韩贤贞　著

梁　超　译

辽宁科学技术出版社

·沈阳·

前　言

写给要养狗狗的你

大部分家庭都为养狗这件事苦恼过：小孩子又哭又闹要养狗；妈妈誓死反对，说照顾狗狗的事都要由自己来负责；爸爸在中间左右为难。这是我们身边经常可以看到的情景。

我见过很多的狗狗，从我的立场来看，比较赞成妈妈的观点。

正如妈妈所担心的那样，养一只狗狗和养一个小孩一样，需要细心照顾，还要耗费很多精力。

要让狗狗吃好、睡好，给狗狗洗澡，看狗狗大小便是否正常，每个季节都要给狗狗接种疫苗、喂驱虫药等。想要养一只健康的狗狗，并不是那么简单的，需要花费很多心思。

然而，狗狗给我们的爱和安慰足以化解一切。这也是很多人养狗的原因，也是我无论在家里还是在医院都能和狗狗们同甘共苦的原因所在。

狗狗给我们无条件的爱与信任，让我们疲惫的心有所依靠，让我们的家人开怀大笑。

我的家人和朋友们即使静静地听狗狗的呼吸声也会得到慰藉。

本书讲述了从第一次见到狗狗到和狗狗离别为止所能发生的各种各样的情况。

书中不仅介绍了如何给狗狗提供一个好的生活环境，如何端正态度去养育狗狗，还介绍了狗狗可能发生的各种疾病以及应对的方法。另外，书中还介绍了如何和狗狗离别的方法等各种各样的内容。

虽然书中介绍了关于狗狗疾病的相关内容，但是并不建议自己在家治疗。比起学会在家治疗，更重要的是要有一双能够发现疾病的眼睛，不要错过最佳的治疗时间，希望这本书能够在这方面对读者有所帮助。另外，现在网络上各种不准确的信息泛滥，我希望能够凭借我担任临床医生这16年的知识和经验，给大家提供更加准确、安全的信息。

养狗并不是一件简单的事，不是给狗狗吃昂贵的饲料、穿名牌衣服，就能将狗狗养好的。

虽然是老生常谈，但若要养好狗狗，家人的关心、爱和保护是必需的。狗狗不是可以拿出去炫耀的名牌包包和装饰品，也不是无聊时可以用于消遣的玩具，而是需要保护、爱护、珍惜的家人。

不要认为自家的狗狗只是一只土狗，要把这只狗看作是世界上独一无二的特别品种。等到狗狗老了，大小便不能自理，甚至患上了痴呆，我还是希望能够和它们多待一会，哪怕只是一天也好。这种心情也是我从事这么多年兽医工作的力量源泉。

拥有一颗温暖的心，再加上对狗狗的正确理解和相关知识，就可以准备好和狗狗组建幸福的家庭了。希望这本书能对大家有所帮助。

2016年11月18日
兽医夫妇

致谢

在此，要向为这本书的出版提供帮助的孟素媛医生、朴洛英室长等"治疗萌萌"宠物医院新沙本院的家人们，还有提供眼科相关资料的韩国建国大学附属宠物医院眼科的金准英教授致以真挚的谢意。

也要向曾经陪伴过我们夫妇，已经成为我们朋友和家人的虎东、多娜、多多、班族以及在天堂等待我们的松松、萌萌、索比、德顺、珍儿、宝齐等狗狗致谢。还要感谢代替忙碌的女儿和女婿照顾孩子们却毫无怨言的妈妈、舅妈以及所有的家人们，爱你们！

推荐语

　　和宠物们一同生活并不像想象中那么简单。有时我会觉得照顾自己都很困难，再让我花费精力去照顾另一个生命，就很难以一种快乐的心情去完成这件事。但是每当工作结束，拖着疲惫的身子回到家的时候，看到即便在凌晨都跑出来摇着尾巴迎接我的狗狗，我就会觉得和它们在一起真的很幸福。

　　这本书完整地诠释了我和狗狗一起生活的点点滴滴。从和狗狗的初次相遇，到狗狗的健康成长，再到与它们的离别，几乎涵盖了和狗狗在一起需要知道的所有知识。如果你对和狗狗在一起的生活有所期待，或者有些不安，那么相信这本书会对你有很大的帮助。

——喜剧演员　李京奎

　　跟宠物犬一起生活好像需要很多的努力和责任感。刚开始我什么也不知道，领养了一只狗狗之后，惊慌失措地跑到医院求救也不是一两次了。看到这本书的内容后，我不禁想，要是早点有这本书该多好啊，这样我就能更快地了解狗狗了。很多人都认为，比起我们对狗狗的付出，狗狗教会了我们更多，也给予了我们更多的温暖。我想将这本书推荐给那些希望为了狗狗多学习，愿意多倾听狗狗们内心声音的读者们。

——演员　金武烈、尹昇娥

　　很多人养狗的动机是觉得幼犬很可爱，长得也好看。然而每当这些人遇到困难的时候，就没有办法应对，最终只能把狗狗丢弃。我对于这些行为总是感到很遗憾，而这本书很好地介绍了在养育宠物之前主人们应该如何做好心理准备，如何用正确的方法养育狗狗等。很开心这本书能够为健康的宠物养育做出贡献。笔者是一位很温暖的兽医，对那些被抛弃的动物也积极地治疗。在这本书中也处处体现了笔者对动物的细心关怀。

——动物保护团体代表　赵熙京

目 录

Contents

第三章　和宠物一同健康生活需要知道的注意事项

第一章

养狗狗必备的
十个小知识

1
迎接新的家人

🐶 选择健康狗狗的方法

当家里第一次迎接一只狗狗入住时，首先需要考虑的问题就是狗狗的健康状态。有的人可能会问"是不是不应该选择残疾狗或生病的狗？"实际上并非如此。如果你领回来的狗狗生病了，那就需要付出更多的精力。很多人都会茫然地认为自己的狗狗是健康的，并没有做好狗狗也会生病的准备。在很多情况下，如果将还没进行过健康检查的狗狗带回家中，一旦狗狗生病，还没有对症治疗，就又被送了回去，甚至还会死掉。发生这种事，会给家人的心灵造成重创。

如果不想发生这种悲剧，或者没有做好狗狗也会生病的准备，那就一定要认真去读下面的注意事项。

▌当迎接一只狗狗回家时，需要检查什么呢

检查是否有眼屎，眼结膜是否充血

特别是不到3个月的幼犬，很容易有黄色的眼屎，或者有眼结膜充血的情

况。此时狗狗患犬瘟热等病毒性传染病的可能性较高。

检查是否有黄鼻涕，是否鼻塞

如果出现鼻塞的情况，可能会有身体发热或状态不好的表现。另外，黄鼻涕和眼屎一样，意味着狗狗患犬瘟热、感冒等病毒性传染病的可能性较高。

检查肛门周边是否挂满粪便

很多时候狗狗会因为肠炎出现大便形状不好，腹泻，或在肛门周围不均匀地挂满粪便。成年狗狗大部分可以治愈，但幼犬会比较危险，所以需要引起注意。

检查耳朵中是否有分泌物或异味

如果耳朵中有黄色或褐色的分泌物，伴有异味，则耳朵被虱子、细菌、霉菌所感染的可能性比较大。此时最好观察确认是否有分泌物，闻一闻是否有异味，揉搓一下狗狗耳朵，看看狗狗是否疼痛或有黏糊糊的液体。

黄色的分泌物是不正常的分泌物，提示狗狗的耳朵已经患病

检查是否消瘦到肋骨和脊椎骨已经突出

严重消瘦可能是因为狗狗没有好好吃饭，也可能由于慢性疾病或肿瘤而导致的情况。

严重消瘦的狗狗会出现脊椎骨和肋骨突出的情况，另外还需要观察脊柱是否出现弯曲

观察走路时是否一瘸一拐，或四肢张开，易滑倒

如果出现无法径直走路、走路一瘸一拐、易滑倒的情况，很有可能是大脑、脊柱等出现神经性疾病。

用手指抚摸狗狗胸部，检查是否有震颤的感觉

心脏位于狗狗的胸部，当用手指触碰的时候，如果发现并非只是心脏脉搏的跳动，而是有像机械作业般的震颤，意味着可能会有心脏血管的畸形。

上述需要检查的项目中，如果狗狗有对应的症状，说明狗狗现在并不健康。特别是对不到3个月的幼犬来说，可能会有致命的危险，这就需要慎重且正确的判断。

医生的建议

对于不到3个月的幼犬来说，很容易感染各种传染病和其他疾病。在领养之前，需要检查眼睛、鼻子、肛门的状态，确认其基本的健康情况。

错误小常识！

所谓的茶杯犬是超小型的狗狗。大部分的茶杯犬是人为让体型小且身体羸弱的幼犬持续交配而生出的，人为使其营养不足。将这些茶杯犬包装成血统高贵的样子，以高昂的价格出售。实际上并没有茶杯犬这个品种或血统，之所以茶杯犬会比一般的狗狗小，是因为人为地将其养小、变弱。所以很容易患各种疾病，大部分茶杯犬的寿命都很短。

 选择和自己性格投缘的狗狗

狗狗的品种不同，性格和健康情况也会有很大的差异。但也不能理所当然地认为百分百都是这样。

举个例子，西施犬的性格以斯文安静著称，但也有活泼暴躁的一面。边境牧羊犬以聪明著称，但也有一些训练起来比较困难。下面这些品种的特征可以作为参考！

┃不喜欢吵闹的狗！想找一只安静的、适合在室内养的狗狗

小型犬——西施犬、京巴、拉萨犬、吉娃娃、法国斗牛犬、波士顿梗犬。

中、大型犬——沙皮犬、松狮犬、西巴犬、巴吉度犬、伯恩山犬、秋田犬。

性格安静斯文的西施犬

很多嘴巴不突出的短头狗不那么活泼，性格安静且沉稳。但这种不活泼的狗狗运动量少，比较懒惰，也很容易变胖。所以需要在饮食调节和体重管理方面尤为注意。

活泼好动！想找一只给你带来双倍乐趣、活力满满的狗狗

双倍的乐趣！金色的寻回犬

小型犬——迷你品、杰克罗素梗、波美拉尼亚丝毛狗。

中、大型犬——寻回犬、边境牧羊犬、哈士奇、爱尔兰塞特犬。

医生的建议

　　活力满满的狗狗很容易在家中犯下一些可爱的错误。如果无法释放它满满的能量，它就会啃地板、撕壁纸、咬家具。更严重的会从上往下跳，导致很多狗狗会骨折，所以需要尤为注意。

想找一只聪明无比、容易训练的狗狗

聪明的威尔士柯基犬

小型犬——小狮子犬、蝴蝶犬、杰克罗素梗。

中、大型犬——边境牧羊犬、喜乐蒂牧羊犬、寻回犬、德国牧羊犬、威尔士柯基犬。

医生的建议

　　聪明狗狗的代表应该就是边境牧羊犬了吧？除了对聪明的幼犬进行排便训练，坐下、起立等动作训练之外，如果再努力一下，还可以进行更多的沟通。只要熟悉一些训练方法，有耐心，就可以将其训练成掌握更多技能并可以和主人沟通的狗狗。

▎讨厌狗狗掉毛！想找一只不爱掉毛的狗狗

小型犬——卷毛狮子狗、卷毛比雄犬、西施犬、约克夏梗犬、马尔济斯犬、迷你雪纳瑞、小猎犬、图莱亚尔绒毛犬。

中、大型犬——沙皮犬。

很少掉毛的卷毛比雄犬

刚收拾完，一回头发现又掉一地的毛！如果没有办法忍受这种情况，或对狗毛过敏的人，最适合领养卷毛狮子狗和卷毛比雄犬了。它们的毛不仅蓬松漂亮，而且掉毛量比其他品种的狗狗少。除此之外，人气很高的小型犬都比大型犬掉毛少。在这一点上可以放心。

▎想给狗狗组建一个家！想找一只能够和其他狗狗和睦相处的狗

小型犬——查尔斯国王骑士犬、图莱亚尔绒毛犬。

中、大型犬——金色的寻回犬、伯恩山犬。

亲和力超强的查尔斯国王骑士犬

害怕狗狗孤单，想给它组建一个家，又担心两只狗狗关系不和谐，这可如何是好？没有比这个更令人糟心的事了。事实上，敏感的狗狗对陌生的朋友会有很强的警惕心，在很长一段时间里相处起来不会亲密。但上述的几种狗对其他的狗狗真的很友好！就像其圆圆的长相一样，性格也是非常圆滑的，和什么类型的狗狗都能够和睦相处。反之，警惕心很强，和其他狗狗不好相处的品种有沙皮犬、松狮犬、阿拉斯加犬等。

最讨厌费事打理！想找一只方便打理的狗狗

方便打理的吉娃娃

小型犬——吉娃娃、迷你品、小猎犬、波士顿梗犬。

中、大型犬——法国斗牛犬、格力犬、罗维特尔牧犬、威玛猎犬、达尔马提亚犬、拳狮犬。

医生的建议

要想将狗狗养得健康漂亮，就需要一直对它们进行打理。其中最大的问题就是毛发的打理。如果毛发没有打理好，不单单会聚成一个个毛团，严重的话会引起皮肤病、排尿排便障碍等疾病。如果不需要打理毛发，那么需要做的事情就少了很多。

如果不生病一直健康就好了！想找一只不容易生病的狗狗

不易生病的雪纳瑞

小型犬——波士顿梗犬、图莱亚尔绒毛犬。

中、大型犬——标准雪纳瑞。

医生的建议

狗狗很容易因为品种不同、遗传基因不同，而患有先天性的疾病。代表性的先天疾病有膝盖骨脱臼、椎间盘突出、气管狭窄等。上述品种的狗狗虽不能确保完全不生病，但比起其他品种的狗狗患先天性疾病的概率会小很多。

初次养狗！想找一只适合新手养的狗狗

小型犬——马尔济斯犬、西施犬、卷毛狮子狗、卷毛比雄犬、查尔斯国王骑士犬、图莱亚尔绒毛犬、法国斗牛犬、蝴蝶犬、巴哥犬。

中、大型犬——巡回犬、萨摩耶犬、威尔士柯基犬。

适合养狗新手的马尔济斯犬

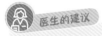

刚开始养狗的时候，肯定会手足无措，畏手畏脚。此时，如果狗狗也非常敏感，身体还虚弱，真的会让人超级囧。对于养狗新手来说，应该选一只性格好、愿意跟随主人、身体素质好的狗狗。

想找一只和孩子们玩得好的狗狗

小型犬——小猎犬、巴吉度犬、波士顿梗犬、查尔斯国王骑士犬。

中、大型犬——巡回犬、伯恩山犬、威尔士柯基犬。

和孩子们玩得好的小猎犬

我家的小孩刚满周岁时也曾和狗狗一起玩，可是他们的关系不是很好，这就让我很难堪。关系不好的原因大多是孩子们对狗狗有强烈的好奇心，非常喜欢狗狗；而狗狗不喜欢孩子，一直在躲避。特别是当狗狗很敏感，对主人有依赖情绪（也就是所谓的嫉妒心）时，越大的狗狗就越讨厌小孩。若想同时养孩子和狗狗，就需要考虑养一只对小孩充满善意、不躲避孩子、没有攻击性、亲和力强的狗狗了。

🐶 不要购买，选择领养！

"不要购买，选择领养"这句话可能大家都听过。在韩国，一年被丢弃的宠物大概有10万只，其中大部分都找不到主人，只能选择安乐死。由于流浪犬收容所条件有限，很多狗狗因为疾病被终止了生命。其中大部分在被终止生命之前，还非常年幼且身体健康。如果想养宠物狗，肯定都会优先选择长得好看的幼崽。但是通过呵护受伤的狗狗从

它们身上获得的爱和纽带感也不亚于健康的狗狗。笔者养的8只宠物狗中，有6只都是被遗弃的狗狗。回头看看，无论从幼犬时期就一直养的"松松"，还是被前主人遗弃的"萌萌"，我从它们身上获得的爱并没有什么差别。

现在还在纠结是否要养狗狗吗？不要纠结了，选择领养吧。你会亲身体验到年幼又好看的幼犬所给予你的幸福。

▌领养宠物之前需要知道的……

因为费用原因选择领养

有时会因为买狗的费用太高而选择领养。可我敢说，这绝对不是一个好的理由！养宠物之后你就会发现，日后的花费比起买狗的费用还会多得多。如果你为了节省初期的费用而选择被遗弃的狗狗，那么日后你养狗的费用依旧会成为你的负担，最不济可能还会把狗狗再次扔掉。所以在任何情况下，都不能因为费用的原因选择领养。

领养残疾的狗狗

虽然有很多健康的流浪狗，但也经常会遇到残疾的狗狗。在你们彼此建立感情之前，狗狗的残疾可能会让你感受到负担。所以还是推荐领养健康的狗狗。但如果残疾的狗狗得到了充分的关爱，那么大部分的狗狗也会变得漂亮活泼。养着养着就会发现，残疾并不是问题，甚至因为残疾，狗狗会有其独特的魅力。有的少了一只眼睛，有的少了一条腿，还有的后腿不能动了，但被领养的残疾狗狗也有数不胜数的幸福故事。

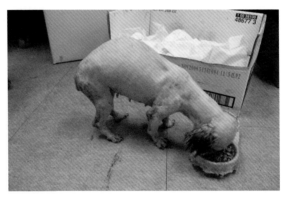

狗狗流浪的时候因为营养不均衡和皮肤病导致全身脱毛并患有皮炎

领养后重新恢复了健康状态，毛发也长出来了

想和狗狗一辈子在一起

这是所有养宠物的人都刻骨铭心的话题。无论是买的狗狗还是领养的狗狗，都不要忘记：宠物狗是家庭当中的一员，需要给它足够的关爱，要对它有责任感。特别是当领养了流浪狗之后，不能再轻易弃养，如果认为除了自己之外还会有别人去领养它，那么狗狗可能会受到二次伤害。

就像自己的父母、兄弟、孩子都不能被抛弃一样，狗狗也是自己的家人，要善待宠物。

2
狗狗幼儿园
让狗狗变得善于交际！

为什么会出现这种"问题行为"？
——狗狗社会化（Puppy Socialization）的重要性

如果离开主人，狗狗就会变得不安，如果见到了陌生人，就会乱吠，且攻击性很强。只要坐上车就变得很兴奋，所以很难将其带出去。上述这些狗狗在我们身边不难看到，它们被认为是"问题狗狗"。实际上，养狗狗时会有各种各样的困难。在美国，3岁以下的宠物中，导致死亡的最大原因并不是因为传染病，而是行为学方面的问题。

如果不想让狗狗出现行为学的问题，那所需要了解的最重要的概念就是"狗狗社会化（Puppy Socialization）"。狗狗"问题行为"的根源在于总会感到害怕。对其他动物和人类感到恐惧，对离开主人的恐惧，对乘车的恐惧等。虽然原因不同，但其根源就在于恐惧。

若想将狗狗社会化，就需要从它小时候开始（在恐惧和其他不好的记忆植入到大脑之前）让它经历各种各样的环境，这样就不会再有恐惧的心理。狗狗只要经历过一次恐惧，就很难再忘掉，大部分也会由此引起很多行为方面的问题。因此，在其经历恐惧之前，需要让它经历各种各样的环境，需要将其进行社会化引导，这样才不会触发行为问题，这一点很重要。

 狗狗的社会化时期！
——错过这段时期就会产生行为问题！

和睦相处的狗狗们

社会化最合适的时期是狗狗3个月左右的时候。这个时期的狗狗对新遇到的人、动物、环境没有抗拒心理，不会害怕，会全然接受。所以这也就是所谓的最纯粹的时期吧？因此，在这一时期使其积累一些积极的经历是很重要的。反之，如果在这一时期遭遇过强大的冲击和恐惧，那么就会变成消极的经验印刻在其脑海中，继而就会出现"问题行为"。例如，在这一时期如果对其他狗狗的印象特别好，那么它这一生都会和其他狗狗和睦相处；但如果被其他狗狗攻击或有其他不好的记忆，那么日后就会避开其他狗狗，或者出现率先攻击别的狗狗这种"问题行为"。

正确的社会化方法
——狗狗学校（Puppy School）

要想不让狗狗出现行为方面的问题，就需要对其进行正确的社会化引导。也就是说，要用适当的方法让其积累各种各样的经验，以下就是注意事项。

让狗狗社会化的方法之一，就是要让狗狗见各种各样的人和动物，让其积累经验。让它感受玩具、游戏，以及家里的各种物品、地板的质感，让它了解隧道等新鲜的空间，给它穿衣服、带狗链，让它坐车，把它放入笼子里移动，通过各种各样的活动来丰富它的经历。

社会化的最佳年龄是3个月左右。但此时狗狗并没有完全接种完疫苗，所以需要留心下列事项。

虽然要让狗狗丰富经历，体验各种环境，但推荐在干净的室内。在野外有很多不确定的病原体和感染源。此时如果狗狗的免疫力没有完全形成，受到病原体的感染，很可能会得病。

在接触其他宠物的时候，记得要和没有传染病、健康的狗狗一起玩耍。换句话说，要和来历清楚的狗狗们玩。有时，没有完成疫苗接种的狗狗在散步的时候和遇到的所有狗狗都亲密接触，这种行为很危险，因为我们没有办法确认其他狗狗的健康状况。我认识的一位朋友家的狗狗上了狗狗学校，和被确认健康的狗狗们一起玩耍，这种方法是比较推荐的。

在和成年狗狗接触的时候，要选那些行为看起来正常的狗狗。如果和行为有问题的成年狗狗接触，那很可能会让狗狗积累一些消极的经验，而非积极经验。这会让狗狗原封不动地学习到那些有问题的行为。

狗狗也需要有规律地独自玩耍。可以给它喜欢的玩具，让它在喜欢的地方睡个午觉。培养狗狗独自玩耍的能力，也可以防止让狗狗对主人产生过分的依赖。这种方法可以预防狗狗患上分离焦虑症。

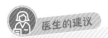

什么是分离焦虑症?

　　是指狗狗如果离开了主人,就会非常焦虑不安。主要表现为气喘吁吁、哆哆嗦嗦。严重时会出现攻击性,啃地板、撕咬墙纸等。

　　要让狗狗习惯于进笼子或移动式宠物笼,这也是所谓的封闭训练。如果习惯了进笼子,那它也会在其中自娱自乐。进行封闭训练后,即使到了一个新的环境,狗狗也会很安心地适应。

　　另外,狗狗对于被关这件事也不会有抵抗心理,在带狗狗旅行的时候,也可以很放心地移动。

封闭训练:在笼子里给狗狗一些喜欢的零食和玩具,让它感受到快乐的训练

狗狗学校

要利用好狗狗学校。狗狗学校是让狗狗社会化的最好办法。因为只有健康的狗狗才可以进入狗狗学校，所以在狗狗学校里可以放心地让狗狗和其他狗狗进行接触。另外，还有专家用安全且系统的方法对狗狗进行社会化训练，所以非常有效果。最近，专门学行为学的兽医越来越多，也有很多宠物医院在运营狗狗学校。

举手提问！

Q.听说在狗狗完成疫苗接种之前不能给它太大压力，也不能让它和其他狗狗接触。那么完成接种之前去上狗狗学校安全吗？不能在完成接种之后再去吗？

A.完成接种之后再去的话就错过了社会化教育的最佳时期。在狗狗没有抗拒心理和恐惧感的时期开始接受教育会得到最佳效果，所以推荐在狗狗3个月之前（最晚4个月之前）开始接受教育。当然，在狗狗形成完全的免疫能力之前，一定要遵守上述的注意事项。另外，狗狗的社会化训练与其说是给予压力的训练，倒不如说是玩。以快乐为基础的训练大部分不会产生很大的压力，如果狗狗压力太大，也可以换个地点或方式。

Q.怎么能让狗狗习惯进到笼子中去呢？

A.在狗狗3个月之前大部分不会有抗拒心理，所以让狗狗愉快地进入笼子里，它也会逐渐地适应。但是如果狗狗对笼子已经有了抗拒心理，不想进去，也不能勉强其进入。这样会让狗狗更加讨厌进笼子。此时，可以准备一些狗狗喜欢的饲料，放到离笼子远一些的地方，如果狗狗吃，就把饲料挪到离笼子近一些的地方，如果还吃，就再近一些。这样慢慢诱导它靠近笼子是很有效果的。最终把饲料放到笼子当中，狗狗也会进到笼子中吃的。只要狗狗感觉到了快乐，下一次狗狗就会自己进到笼子中休息了。

Q.我家狗狗已经成年了，错过了社会化的时期。不知道是不是这个原因，现在出现了很多"问题行为"。还能改正吗？

A.实际上比起纠正，预防会更加容易。这也就是为什么我要强调在小时候去狗狗学校的原因所在。虽然狗狗已经成年，纠正比较困难，但也不意味着完全不可能。具体的方法可以参考本书p.264（"3.关注狗狗的心理健康"）。

🐶 正确的训练方法

从如厕、不乱咬东西、散步的方法等基本生活训练，到坐下、起立、伸手、捡铁饼等高级的训练，都是养宠物的时候所必需的训练。

训练的时候最重要的就是"不要发火"！以前在训练幼犬的时候，如果它做错了，就会对它大喊大叫（最具代表性的行为就是把报纸卷成一团

排便表扬：在正确的地点排便之后，就用零食来奖励狗狗

摔在地上），总是想给狗狗点颜色看看，采用恐吓它的办法。但看了最近关于训练狗狗的研究，比起吓唬狗狗，给它奖励的办法更有效果。

可是这并不意味着狗狗做错了也要给奖励。意思是，当狗狗犯错的时候就无视错误，当做得好时就给它很多奖励和称赞。如果狗狗做某种行为可以得到称赞和零食，它就会经常做这个行为。反之，如果做了某种行为被主人无视，它就会渐渐地不做这个行为。以这种方式来改正它的"问题行为"是最有效果的。

举个例子，有的狗狗没有正确分辨厕所在哪，有的狗狗将尿排在尿垫上，而有的狗狗到处排尿。如果把到处排尿的狗狗带到他乱排尿的地方或者尿垫旁边，用报纸包裹清扫它的小便，并训斥狗狗会有什么样的结果呢？狗狗很可能不知道为什么呵斥它，只会对主人以及报纸和棍子产生畏惧感。实际上，这样训练之后的狗狗只要一看到报纸团就会去撕咬，狗狗已经有了"问题行为"。所以当然也不能期待排尿训练有什么好的效果了。反之，如果见到狗狗将尿排在尿垫上，马上过去表扬它，给它零食，狗狗就会知道"在尿垫上大小便=零食"。这样一来，在尿垫上小便就会获得零食，以后即使不给它零食，它也会习惯于在尿垫上小便的。

其次就是需要忍耐和坚持。虽然已经是比较老套的话题了，但训练并不是一蹴而就的。狗狗需要持续反复地训练，直到它能够做出主人希望它做的动作，将动作深深刻进它的记忆里，这一点很重要。当然，在这个过程中很多次想过要放弃，也发过很多次的火（笔者在训练自己的狗狗排尿时，有时因为太生气，都哭了出来）。有人曾经说过，"忍耐是苦的，果实是甜的"，这句话没错。当我们反复训练狗狗时，在某一个瞬间，狗狗会做出你想要它做的动作，此时的你，就遇到了属于你自己的"美丽狗狗"。

好的！下面就开始训练了。最开始我会建议进行奖励训练。有很多持怀疑态度的人会觉得很不可思议，狗狗必须接受惩罚才能得以训练。不妨两种方法都试一试，你马上就会知道哪一种更有效果了。

! 错误小常识！

现场实践！如果狗狗犯了错误，马上训斥它会有效果吗？

我们经常会听到有人说"如果狗狗做错了，马上训斥它就会有效果"，最具代表性的就是有人认为"如果狗狗到处小便就必须训斥"。时间一久，虽然不知道哪里做得不对，但只要一呵斥狗狗，就会有效果……是啊，狗狗做错的时候它自己也不知道哪里做错了，甚至有时还会理解成完全相反的意思。举个例子，狗狗到处小便，马上受到了训斥。狗狗不知道是因为没有分辨出哪里是厕所而受到训斥，还是小便本身这个动作就是错误的，又或者是主人就是单纯想发火。受到训斥的狗狗会对小便本身产生抵抗心理，甚至会忍着不去小便，时间一长就会患膀胱炎。反之，如果表扬狗狗，它就会明确地理解。当然，表扬狗狗的时候也不能让狗狗混淆。确实做了主人希望它做的动作，就要在正确的时间给予狗狗称赞。这样反复三四次，狗狗就会理解为什么获得表扬了。比起斥责狗狗，这样会让它理解得更快、更正确。

3
接种疫苗及驱虫计划

 一定要接种疫苗吗？

是的，必须接种。

古话说"小孔不补，大孔叫苦"。大部分狗狗在接种了疫苗后就不会患与接种疫苗相关的疾病，而如果一旦得了，就是致命的疾病。如果接种了疫苗，就可以预防疾病，但如果没有接种，一旦得病，狗狗痛苦，主人也痛苦。

接种疫苗是为了预防狗狗得传染病。得传染病的主要原因是细菌、真菌（霉菌）和病毒等。细菌和真菌通过抗生素和抗真菌剂就可以消灭，而病毒必须体内要有抗体才能够抵御。因此，在被病毒感染之前，需要在体内培育抗体，这一点很重要。培育抗体的方法就是接种疫苗。

特别是同时感染犬瘟热和犬细小病毒肠炎的话，就会对生命造成威胁。所以在感染这种疾病之前，需要在体内培育抗体。抗体多了，即使感染了病毒，抗体也会杀灭病毒。所以疾病的症状就会不太明显，或者压根没有症状。这样一来，和其他狗狗接触的时候，也可以安心了。即便和感染病毒的狗狗接触，体内的抗体如果足够多，那么被传染的概率也会很低，狗狗就可以自由地出门散步了。

🐶 狗狗必须接种的疫苗都有什么？

▌混合疫苗（DHPPL）

这是最基础的且必须接种的疫苗。可以预防犬瘟热、肝炎、犬细小病毒肠炎、副流感、犬钩端螺旋体病。特别是犬瘟热和犬细小病毒肠炎，传染力很强，对幼犬非常危险。一定要按照要求的时间和次数进行接种。

与混合疫苗相关的疾病

犬瘟热（Distemper）：麻疹病毒（Morbillivirus）所引起的感染。呼吸系统、消化系统、神经系统、结膜等被感染时会出现症状（发热、咳嗽、流鼻涕、有眼屎、呕吐、腹泻、痉挛、肌肉颤抖）。特别是神经系统被感染时，可能会出现终身的后遗症。通过空气和分泌物也会被传染。易感染、致死率高。

肝炎（Hepatitis）：腺病毒I型（Adenoviurs1）所引起的感染。通过大小便、唾液等分泌物可以被感染。主要症状是出现发热、食欲减退、结膜炎、流鼻涕、有眼屎、牙龈出血、呕吐、腹痛等。当幼犬感染肝炎同时感染犬细小病毒和麻疹病毒时，致死率高。

犬细小病毒肠炎（Parvovirus enteritis）：犬细小病毒（Parvovirus）引起的消化系统感染。主要症状是呕吐、腹泻、血便等。体型小的幼犬感染后致死率高。

副流感（Parainfluenza）：副流感病毒（Parainfluenza virus）引起的呼吸系统感染。主要症状是咳嗽、发热、流鼻涕、食欲减退等。致死率虽然不高，但很容易通过空气传染。

犬钩端螺旋体病（Leptospirosis）：犬钩端螺旋体（Leptospira）引起的细菌感染。当狗狗接触了被污染的水土以及被感染的动物的小便时，会通过伤口感染。虽然有时会无症状或者症状较轻，但也会出现发热、颤抖、肌肉痛、无力等症状，逐渐发展成肝功能不全、肾功能不全等疾病，导致死亡。该疾病是人类和动物都能被感染的疾病，也会传染给人类。

冠状病毒肠炎（Corona Virus）

为预防冠状病毒肠炎而接种的疫苗。冠状病毒肠炎的致死率并不高，但会出现腹泻和呕吐，导致脱水。还会诱发犬细小病毒或细菌性肠炎等二次感染。

传染性支气管炎（Kennel Cough）

又被称为"犬窝咳"。虽然不能危及生命，但会诱发咳嗽、痰多等呼吸系统症状，如果持续发病，还会因体力不支而导致二次感染。

狂犬病（Rabies）

不仅动物会得狂犬病，也会传染给人。这是人兽共同的传染病。如果人或动物被感染，致死率非常高，一定要预防。狂犬病感染率虽然很高，但却可以通过接种疫苗进行预防，所以狂犬病疫苗是必须接种的。当被其他狗咬，或咬到其他人时，是否接种过狂犬病疫苗会对生命产生很大的影响。

甲型H1N1流感

近来有很多新发现的流感病毒。一般的症状是咳嗽、流鼻涕、发热等呼吸系统疾病。虽然致死率不高，但传染性强，如果没有抗体，狗狗很容易会被感染。接种甲型H1N1流感疫苗只能产生相当于两个典型病毒中的一个病毒的抗体。另外一个病毒的抗体还不确定是否能够形成，且流感病毒很容易变异。虽然不是必须要接种，但建议免疫力低的老年人和小孩子都接种流感疫苗，也建议老年犬和幼犬进行接种。

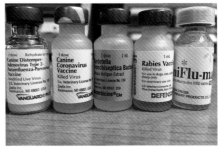

接种疫苗：宠物狗必须接种的疫苗

举手提问！

Q.狗狗的传染病也会传给人类吗？

A.狗狗的传染病中，可以传染给人类的有狂犬病和犬钩端螺旋体病。其他的犬瘟热、犬细小病毒肠炎、肝炎等不会传染给人类。如果从人类或动物那感染了狂犬病，情况会很危险，所以一定要接种疫苗。医生也积极建议接种。犬钩端螺旋体病是通过狗狗的小便传染给人的，尽量不去接触野生动物的小便，也不要接触怀疑被小便污染了的水。到目前为止还没有报告指出甲型流感感染了人类，但流感病毒很容易变异，不能够放松警惕。

Q.有确定的狂犬病疫苗接种期吗？

A.在韩国每年春天（4—5月）和秋天（9—10月）被定为狂犬病疫苗接种期，可以免费接种。接种期每年都会略有调整，可以到宠物医院或当地的疾控中心进行询问确认。

 **正确的疫苗接种计划**

	基础接种							补充接种
	第1次	第2次	第3次	第4次	第5次	第6次	第7次	
混合疫苗	✓	✓	✓	✓	✓			每年1次
冠状病毒疫苗	✓	✓						每年1次
传染性支气管炎疫苗			✓	✓				每年1次
狂犬病疫苗					✓			每年1次
抗体检查					✓			自行选择
甲型流感疫苗						✓	✓	每年1次

※ 每一次接种的间隔是两周。每个宠物医院的接种计划可能略有差异。

医生的建议

什么是"抗体效价"检查?

　　"抗体效价"检查是在接种疫苗之后,检查是否形成足够的抗体。可以用抗体检测卡简单检测犬瘟热、犬细小病毒肠炎、肝炎等致命病毒的抗体效价。经过检查后,如果没有形成足够的抗体,需要追加1~2次的接种。

　　如果按照基础接种的计划进行接种,应该能够形成足够的抗体,但每只狗狗会有所不同,也会出现没有形成足够抗体的情形,所以一定要进行确认。偶尔会出现进行接种但还是得了传染病的案例,其中十有八九是没有进行"抗体效价"的检查。生命并不是像机器那样"放入A,就会出现B",不是100%正确的公式。不是进行了基础接种,所有的狗狗都会安全,所以不能完全放松警惕,一定要通过"抗体效价"的检查来确认。

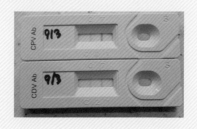

Q.混合疫苗一定要接种5次吗？

A.就现在上市的疫苗来说，还是建议接种5次。因为接种5次之后，大部分的狗狗都能够形成抗体。但每只狗狗形成抗体的时间有所差异，也有接种5次之后还是不能形成抗体的情况；有只接种3次就能形成抗体的情况。我们无法预见每只狗狗个体情况，所以也建议普遍都接种5次。

Q.错过了接种计划，应该怎么办？

A.进行基础接种时，每次接种的间隔时间十分重要。预防接种后，抗体会暂时增多，但马上就会下降。在完全减少之前需要再次进行接种，提高"抗体效价"，这样接种5次之后就能够维持稳定的"抗体效价"了。考虑到这种原理，接种计划是确定好的，一般建议以两周为间隔进行接种。如果错过了接种的间隔，抗体形成的效果就会大打折扣。大家要利用好爱犬手册，记录好下一次接种的时间，好好研读宠物医院给的指南，这会对接种大有裨益。

爱犬手册

基础接种

出生后6～8周就可以开始接种了。这一时期，从母体获得的免疫力开始下降，接种疫苗可以增加抗体。混合疫苗以两周为间隔，接种5次。冠状病毒肠炎和传染性支气管炎疫苗以两周为间隔，接种2次。狂犬病疫苗接种一次，是基础疫苗。混合疫苗接种5次之后，过两周后可以通过检查来确认体内的抗体是否已经形成。

补充接种

所有预防疫苗的接种在基础接种结束一年之后，建议进行补充接种。抗体并不会伴随狗狗一生，一般会稳定维持一年左右。补充接种一年一次即可。

但根据狗狗的种类不同，也有抗体会维持数年的情况。在医院可以很容易检查出混合疫苗的"抗体效价"，所以在补充接种之前，先检查"抗体效价"，如果抗体充足，接种可以推迟到一年以后。除了混合疫苗，检查其他疫苗的"抗体效价"还并不是很普遍，所以最好每年进行一次补充接种。

▌接种疫苗有副作用吗

因为接种的副作用导致面部浮肿

预防疫苗的接种是将病原体注入身体当中，帮助其产生抗体。预防疫苗的病原体量很少，不足以引发疾病，但也有时会出现疼痛、无力、发热等轻微症状。这些症状在接种之后一两天内会出现，大部分不需要药物治疗会自愈。

但也有需要注意的副作用，即过敏反应。过敏反应是由微生物、添加剂、微生物培养残存物质等引起的。一般接种之后两天内会出现脸浮肿、荨麻疹、呕吐等症状，严重时会出现休克。根据2005年的研究结果，每500只狗狗中会有1只在接种疫苗后的当天出现副作用。

如果在接种后出现副作用，需要马上联系兽医，赶紧送到宠物医院去。接种引起的副作用可以通过抗过敏注射来稳定病情。

医生的建议

1.接种疫苗时的注意事项

接种疫苗需要在身体状态最好的时候进行。接种之前需要和兽医充分确认狗狗的身体状况。

接种前后2~3天不能洗澡，不能给狗狗压力。特别是幼犬会因为压力过大导致免疫力降低，进而出现副作用。

接种后如果出现过敏反应，需要马上联系宠物医院。

接种后过敏反应强烈或出现副作用时，以后不可以再接种相同的疫苗。一定要在接种之前和兽医进行商谈。

一次性接种很多疫苗会提高副作用发生的概率。需要持续观察是否出现症状。

2.自行注射疫苗可以吗？

最近由于费用方面的负担，加之宠物药局的增多，有很多人直接购买疫苗给狗狗注射。如果没出现什么问题，那就太幸运了，但一旦出现问题，那就是致命的危险。接种时需要确认狗狗的身体状态，需要将妥善保管的疫苗用正确的方法注射到安全的部位，这一点很重要。另外，接种之后需要观察是否出现副作用，以便及时进行治疗。

但自行接种时，很多情况下并没有遵守这些规则。例如，不知道狗狗有发热或者流鼻涕的症状，直接注射的话，副作用是致命的。另外，如果没有了解清楚注射方法和位置，很容易让注射部位出现炎症。遗憾的是，当自行注射疫苗出现问题时，销售疫苗的地方大多数不会承担责任。更危险的是，很多情况下销售者不会对副作用进行充分说明，所以购买者对可能产生的副作用会不了解。如果非要自行注射，一定要充分地对这些问题进行了解。

🐶 狗狗身上出现了寄生虫？

狗狗的皮肤、眼睛、耳朵等外部的身体部位，以及心脏、消化系统等内部的身体部位都会感染寄生虫。主要易患的寄生虫疾病如下。

眼虫

耳螨

跳蚤

鞭虫

寸白虫

十二指肠钩虫

疥螨　毛囊虫

狗虱

犬恶丝虫

狗狗易患的寄生虫病

▎耳螨

存在于狗狗耳朵中的螨虫。和其他有耳螨的狗狗接触后会被感染。耳朵中会产生像黑色发蜡一样的分泌物，严重时会引起瘙痒。

▎眼虫

存在于眼结膜上的寄生虫，被活的果蝇所感染。主要表现为眼睛充血，严重的时候眼睛会睁不开。

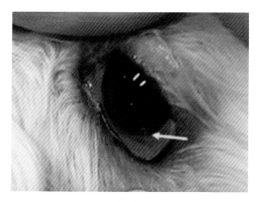

眼虫

▎疥螨、毛囊虫

存在于皮肤上的寄生虫，和其他被感染的狗狗接触后患的疾病。有潜伏期，当免疫力下降时会发病。主要症状为严重瘙痒、产生角质、脱毛等问题。也会传染给人。

犬恶丝虫

存在于心脏的寄生虫，被蚊子咬后会感染。初期没有症状，之后会堵塞心脏血管，导致死亡。

通过手术去除的犬恶丝虫

消化道寄生虫

主要有蛔虫、鞭虫、十二指肠钩虫、寸白虫、二联等孢子球虫等。主要因摄取虫卵所感染，症状为腹泻、呕吐、食欲减退、体重减轻等。也会传染给人。

消化道寄生虫——蛔虫

皮肤跳蚤、虱子

在野外活动时感染。被咬的地方会出现皮肤炎和瘙痒的症状。

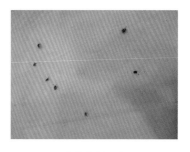

皮肤上的虱子

🐶 正确的驱虫方法

如果进行定期驱虫，是可以100%预防寄生虫的。驱虫的方法根据对象不同而不同，主要分为胃肠道内部寄生虫、外部寄生虫（跳蚤、虱子、皮肤寄生虫）、犬恶丝虫。

内部寄生虫

胃肠道内部寄生虫的预防和治疗方法主要是口服驱虫剂。

外部寄生虫

皮肤或耳朵上寄生虫的预防和治疗方法主要是在身上涂抹药膏或注射药物。

犬恶丝虫

犬恶丝虫的预防药品有很多种,最多的是外涂药和口服药。

狗狗的驱虫计划中,最重要的就是犬恶丝虫的预防。一个月要驱一次犬恶丝虫。其他内外部寄生虫的驱虫频率要根据狗狗的状态以及和兽医的商讨结果决定。

🐶 对犬恶丝虫你了解多少?

众所周知,犬恶丝虫是通过蚊子叮咬患上的疾病。当蚊子叮咬狗狗时,犬恶丝虫的幼虫就会进入到狗狗身体中。过了45~70天后,幼虫就会长大。成虫主要存在于心脏和其周边的大血管上,会阻碍血液循环,也会损害心脏功能,导致狗狗死亡。

一定要预防犬恶丝虫的原因

如果不预防,很容易感染,但一经预防,效果会很显著。

一旦感染，就会有致命危险。感染严重时很难治疗，最坏的情况会致死。

感染初期症状不明显，很难发现。大部分都是在严重感染之后才送到医院的。

一旦感染，治疗费用很昂贵。

当养了好几只宠物时，一旦一只宠物被感染，就会通过蚊子传播到其他宠物身上。

综上所述，一定要预防犬恶丝虫。特别是在韩国，犬恶丝虫的发病率很高，尤其需要注意。犬恶丝虫的驱虫计划和方法根据驱虫剂种类的不同而有所差别。最普遍的是口服药和外部涂抹，建议大部分的狗狗一个月驱虫一次。

▌犬恶丝虫的正确预防方法

犬恶丝虫的预防需要一个月一次

在看诊的时候，很多人会问我，犬恶丝虫的驱虫是否每个月都需要进行。甚至还有人认为这么频繁进行驱虫会不会是医院的商业战术。正如我前面所说，犬恶丝虫的幼虫会进入到身体内，快的话40多天就会长成成虫。而且犬恶丝虫的预防药物无法杀死成虫，所以需要在幼虫长成成虫之前进行驱虫。一旦长成成虫后，无论用什么预防药物也无济于事（杀死成虫需要用更强烈的治疗药物）。因此，在驱虫之后的40天以内周期性地杀虫，来确保幼虫都被杀灭掉，建议一个月一次。

最普遍使用的预防药物需要一个月服用或涂抹一次，根据最近药品种类的不同，有的药物有效期会更长一些。考虑各种药物的优缺点，严格遵守该药品服用或涂抹的间隔时间，堪为预防的最好方法。

犬恶丝虫的预防从几月开始到几月结束？

一般建议从蚊子比较多的3—4月开始，到10—11月结束。但在犬恶丝虫比较多的郊区，或者冬天比较温湿且蚊子经常出没的地区，最好一年之内持续服用预防药物。考虑到这种生活环境，最好还是和兽医进行探讨后再决定。

预防犬恶丝虫需要从什么时候开始？

8周左右的狗狗第一次开始接种疫苗比较好。在这一时期开始接种不需要做检查，可以直接进行。但如果出生已经过了5个月再进行预防，就有感染幼虫并正在长成成虫的可能性，需要检查之后再服用预防药物。

其他驱虫方法也需要同时进行吗？

由于预防犬恶丝虫的药物是所有驱虫药物当中药效最强的，所以对其他大部分的内外部寄生虫的预防都有一定效果。但如果已经严重感染了其他寄生虫，那效果还是不够，需要补充使用其他的内外部寄生虫药物。

需要注意的狗狗品种

预防犬恶丝虫的药物成分中，其中之一就是伊维菌素（Ivermectin），对部分狗狗品种会产生副作用。其中代表性的品种有，柯利牧羊犬、喜乐蒂牧羊犬、澳洲牧羊犬、德国牧羊犬等。这些品种的狗狗由于基因的变异，会出现譬如痉挛等神经症状。这些狗狗的主人们一定要通过向兽医咨询来确定药物服用量，或者用其他种类的药物进行预防。

犬恶丝虫病初期症状并不明显。大部分都是在重度感染之后才会出现症状。最开始有咳嗽、呼吸困难、不爱活动等症状，严重时会有发绀病、腹部积水等症状。犬恶丝虫的治疗主要是通过注射药物杀灭成虫。但如果忽然杀死成虫，很可能会引发大血管阻塞、血栓的危险，所以最好分阶段注射，或者和能够减少此类副作用的其他药物一同使用。如果犬恶丝虫在血管内积压太多，也可以通过外科治疗去除一部分。但无论是用什么方法，都会有一定的风险，引起猝死的概率较高，所以需要和兽医进行商量后再决定。当然最重要的还是患病之前的预防。

举手提问！

Q.犬恶丝虫的预防药物有危险吗？

A.有人说，如果一直服用预防犬恶丝虫的药物，反而会对宠物的身体有危害。还有人说，不如用民间疗法代替预防药物，或者定期检查是否感染了犬恶丝虫。这些说法不仅仅在韩国，在其他国家也经常听到。不管怎么说，一直服用人造药物的话，主人心里肯定也是不舒服。

但遗憾的是，持续服用预防犬恶丝虫的药物是否会对身体造成危害，并没有一个准确答案。

普遍使用的预防犬恶丝虫的药物对大部分品种的狗狗来说是安全的，也没有听说过出现副作用的情况。但也无法验证长期服用是否足够稳定。因为随着狗狗年龄的增长，会出现其他疾病，我们难以确定这些疾病和预防犬恶丝虫的药物是否有关系。因此，关于长时间服药的安全性这一问题，只能取决于狗狗主人自己的主观意愿。但能够确定的是：第一，比起提前服用预防药物的风险，患病后治疗的风险会更高；第二，即使定期检查是否患上犬恶丝虫病，也未必能及时发现，如果一年检查一次，幼虫早就变成了成虫，很可能病情已经发展到一定阶段了。考虑到以上几点，还是规律地进行预防为好。

Q.猫咪也会感染犬恶丝虫吗？

A.与狗狗相同，猫咪也会感染这种病毒，一旦感染，会比狗狗更加危险。即使身上有一只犬恶丝虫，猫咪也会出现排异反应，甚至休克死亡。治疗也比狗狗更难，效果也不好，所以大部分不建议治疗。这也是猫咪需要定期预防的原因。

4

关于绝育手术

必须要做绝育手术吗？

"必须要做绝育手术吗？"很多主人都会这样问。我的回答始终如一。

公狗："是！"

母狗："是否有生育计划？如果没有，要做！"

偶尔我们会受到这样的质疑："做绝育手术又没什么必要，你们就是想赚钱吧！"实际上，兽医们的宠物99%以上都做了绝育手术。如果单纯为了赚钱，就不会让自己的宠物也去做这个手术了。我敢说，绝育手术并不是为了宠物医院做的，也不是为了主人做的。是为了宠物的健康，为了减少它们压力所做的必要手术。

下面我们具体看一看为什么一定要做绝育手术。

行为学方面

减少攻击性、野性	减少Mounting行动（也就是所谓的骑跨行为）	预防离家出走	预防标示领地

　　这些行为主要出现在公狗身上。所以给公狗做绝育手术会有很好的效果。

预防疾病

　　如果不进行绝育手术，患下列疾病的风险会很高。

皮肤病
　　由于性激素会让免疫力下降，感染毛囊虫、马拉色霉菌等皮肤病的概率会变高。

疝气
　　由于性激素的影响，肌肉会变弱，导致发生会阴部疝气、腹股沟部疝气等疾病的概率变高。

公狗生殖系统相关疾病

睾丸肿瘤、前列腺炎及肿瘤发生的概率高。特别是隐睾的情况下，如果不进行绝育手术，在2~9岁期间患睾丸癌的概率就会很高。

包皮炎发生的概率高。

性欲无法宣泄，会带来很大压力。

肛门周围腺瘤：肛门周围尾巴下面长的肿瘤

肛门周围和尾巴的腺体增多，会有很多分泌物，味道难闻。另外，肛门周围容易长腺瘤。

母狗生殖系统相关疾病

假孕，出现和怀孕相关的症状。

狗狗一年两次生理期，生理期时需要用卫生巾，卫生巾需要消毒干净，卫生管理要彻底。如果卫生巾不干净，会引起阴道和子宫的炎症。

狗狗老年期发生子宫积脓、子宫肌瘤等致命性疾病的概率高。

发生乳腺肿瘤的概率增加。实际上在第一次生理期之前，如果实行绝育手术，有99%的概率可以预防乳腺肿瘤；在第三次发情期前进行手术，有

子宫积脓：充满脓血的子宫

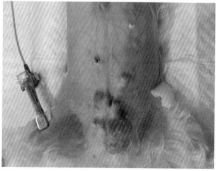

乳腺肿瘤：在乳腺上长的肿瘤

74%的概率可以预防。

雌激素（Estrogen）导致激素分泌过剩，会引发皮肤病。

上述的疾病通过绝育手术大多可以预防。当然，绝育手术的费用和麻醉的费用会造成一定负担，这也是绝育手术的缺点。但若衡量得失，狗狗的健康是最重要的，所以不要犹豫，推荐去做。

适合做绝育手术的时间及方法是什么？

做绝育手术的时间也很重要。既然要做，就要在合适的时间去做，这样会让效果最大化。

最佳时间

母狗做绝育手术的最佳时间是第一次生理期之前，一般是在6~10个月时去做。

公狗的绝育手术的最佳时间是出现"问题行为"之前，如骑跨行为、标示领地，一般是4~5个月时去做。

如果过早地进行绝育手术，母狗会因为性激素不足导致骨骺闭合晚。腿会变得细长，骨骼也会很脆弱。公狗会尿道狭窄。

如果绝育手术做得太晚，母狗预防乳腺肿瘤的效果会显著下降。公狗的骑跨行为和标示领地的问题不会得到改善，对于老年犬来说麻醉的风险会增大。

绝育手术的方法

母狗绝育手术的方法是开腹，去除卵巢和子宫。

公狗绝育手术的方法是切开阴囊前部的皮肤，去除睾丸。如果睾丸不在阴囊当中，而是藏在腹腔内或者皮下，就被称为隐睾。此时就需要切开皮下或腹腔进行切除。

🐶 绝育手术之后需要注意的问题

▎会变胖吗?

实际上有很多做完绝育手术后变胖的幼犬。因为性欲降低，压力减少，代谢能力也降低，就会导致吃相同的饭却会变胖。最好少给狗狗吃高热量的零食，配饭量也要算准。如果狗狗变胖，可以换一些低热量的减肥饲料，会对狗狗减肥有帮助。最重要的就是要增加运动，增加散步时间和次数，给狗狗喜欢的玩具增加它玩耍的时间，这一点很有必要。

▎出现排尿失禁

这是件很平常的事。对于做完绝育手术的母狗来说，会出现排尿失禁的情况，主要是大型犬。关于其中原因还有讨论的余地，但很多人提出，由于雌性激素的减少，导致尿道收缩不好，才引发的尿失禁。但这种情况很罕见，一般随着时间的推移就会变好，不用过分忧虑。但也会发生罕见的持续尿失禁的情况，这就需要激素治疗或其他药物治疗。

❓ 举手提问!

Q. 我家狗狗做了绝育手术，可还是出现骑跨行为，这可怎么办啊?
A. 上面已经提过，如果狗狗已经习惯了骑跨，那即使做了绝育手术也不会得到改善。最开始出现骑跨行为时，是雄性激素的问题，随着时间的推移，可以让狗狗进行学习，通过行为学进行干预。具体的内容可以参照p.264（"3.关注狗狗的心理健康"）。

5
一同生活和基本管理方法

🐶 如厕训练

训练狗狗上厕所是和狗狗一起生活时最重要的训练。很多狗狗到处大小便，这会给主人带来很大压力，不禁让主人怀疑："能和这样的狗狗一同生活吗？"但别想一口吃成个胖子！试了几遍没成功也不要放弃，需要坚持住，反复训练，最终你的狗狗上厕所的问题会成功解决，它将变成一只美丽的狗狗。

围栏训练方法

1.把狗狗放到围栏里，铺上垫子，除了放饭碗、水碗空间以外，其他地方全部用尿垫铺好。

2.在尿垫上确认好小便的位置之后，可以减少铺尿垫的面积。

3.最后只留下一片尿垫，让狗狗在那个位置反复小便，就可以结束训练了。

在家中自然训练

1.在狗狗容易小便的地方铺满尿垫。

2.大部分狗狗容易在饭后、睡觉起来之后大小便。发现狗狗到处打转时，把它放到尿垫上（在尿垫上沾一点小便也会有帮助）。

3.如果狗狗在尿垫上大小便，可以给狗狗零食奖励，并加倍表扬（表扬必须马上进行，这样狗狗会知道为什么会被表扬）。反之，如果狗狗在错误的地方大小便，就需要马上清理，喷洒除臭剂以防出现异味。

4.如果在错误的地方反复大小便，可以用箱子或者围栏等将狗狗围起来，不让它离开，这也是一个办法。

5.如果在尿垫上大小便，就可以逐渐缩减铺尿垫的面积，引导狗狗在正确的地方大小便。

1. 围栏训练主要针对幼犬，自然训练则对成年犬效果明显。对于大小便还不规律的幼犬，应该先铺很多尿垫，然后对其进行围栏训练，熟悉之后再减少尿垫，这样会更有效果。反之，针对大小便已经很规律（饭后大小便、睡醒后大小便）的成年犬来说，将其直接放到尿垫上会更有效果。

2. 不要马上清理沾满小便的尿垫。狗狗的嗅觉很灵敏，它会知道要在散发出小便味道的地方进行小便。将沾满小便的尿垫先放着，或者在新的尿垫上沾一些狗狗的尿液，这样狗狗就会知道哪里是正确的小便场所，这种训练也很有效果。

3. 狗狗不喜欢用尿垫怎么办？偶尔也会有抗拒使用尿垫或大便收容器的幼犬。这种情况下，可以寻找代替尿垫的物品（例如，可以让狗狗在厕所的瓷砖处直接大小便，或者用报纸等），或者引导狗狗喜欢上用尿垫大小便。反复多次在尿垫上给狗狗零食，或者直接把狗狗放在尿垫上然后给它零食，这些能让狗狗喜欢上在尿垫上大小便的训练是很必要的。

给狗狗洗澡

和狗狗一起生活时，洗澡是很重要的一项。为了狗狗的健康，需要定期给狗狗洗澡。但如果洗澡的方式不对，反而会对健康造成影响。那么我们现在就来看看应该怎样给狗狗洗澡吧。

洗澡次数

狗狗的身体不会出汗，所以不用每天都洗澡。但外部会沾染脏东西，所以还是需要定期洗澡。一般皮肤健康的狗狗建议1～2周洗一次就好。但如果狗狗有皮肤病或是油性皮肤，那周期就要缩短，可以3天洗一次。

▎洗澡方法

1.除了脸部之外的部位用热水洗，将身上和腿上的毛充分湿润。

2.把狗狗的眼屎等脏东西洗掉，肛门需要翻开清洗。

3.要用狗狗专用沐浴露（根据狗狗品种、毛发和皮肤的状态进行选择）洗出泡泡，对狗狗进行按摩，轻轻抚摸狗狗。不要狠狠地揉捏狗狗。如果狗狗的皮肤受伤，会诱发皮肤病。狗狗脚趾的间隙会出汗，也是容易被污染的部位，需要刷干净。

4.身体和腿部需要充分清洁。

5.洗完身体后，开始洗脸部。耳朵里容易进水，需要先用棉花堵住耳朵再给狗狗洗脸。要注意棉花不能太小！如果棉花太小就会进到耳朵里，而且很难拿出来。

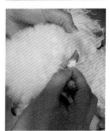

6.洗完脸后用毛巾擦干，再用吹风机完全吹干。尤其是毛发一定要吹干。如果没有吹干也会引发狗狗的皮肤病。特别是脚趾缝隙处很容易潮湿，易患皮炎，所以要好好地吹。

7.吹干时可以用梳子朝与毛发相反的方向梳，这样对吹干毛发有益。这样一来，毛发会很容易变干，也会很蓬松。

8.吹干后在眼睛和耳朵处涂抹一些护理液，注意不要让毛发受潮。

!️ 错误小常识！

如果狗狗不喜欢洗澡怎么办？

大家一定会听说过有不喜欢洗澡的狗狗。有的狗狗只要一听要洗澡就会一个劲儿地叫唤，还有来回疯跑的狗狗，甚至有的狗狗还会把洗澡间弄得乱七八糟，这种患了洗澡恐惧症的狗狗简直数不胜数。但狗狗是天生就喜欢水的动物。狗狗会游泳（俗话称"狗刨"），如果熟练，就像一只在水里游的鱼，会尽情地在水中畅游。在讨厌洗澡的狗狗中，十有八九并不是讨厌水，而是讨厌洗澡这个行为本身，因为这会给它们带来压力。以前的洗澡经历可能并不愉快，所以就导致它们越来越讨厌洗澡。所以对于这样的狗狗来说，培养它们对洗澡的兴趣就尤为重要。在狗狗洗澡时，如果给它们用狗狗沙发，狗狗还会躺着睡一觉，这样就会对水感兴趣了。如果家里的狗狗非常讨厌洗澡怎么办呢？看看是不是洗澡过程中出现了什么问题，洗澡时不要给狗狗那么大的压力，这可能会对改善狗狗讨厌洗澡有一定的帮助。

🐶 狗狗耳朵的清洁

狗狗身上如果出现了异味，耳朵应该是罪魁祸首之一。狗狗的耳朵会一直产生分泌物，所以需要定期清洁。特别是在夏天，一不注意就会引发耳朵疾病。如果耳朵出现疾病就很容易复发，所以定期清洁耳朵可以最大限度地预防耳朵疾病的发生。

如果狗狗没有耳朵疾病，建议1～2周清洗一次。清洗耳朵安排在洗澡之后即可。如果狗狗有耳朵疾病，就需要和兽医探讨后再决定清洗耳朵的频率了。

选择耳朵清洗液

需要使用市面上专门针对狗狗的耳朵清洗液。专用清洗液对动物的刺激小，且有挥发性，能够有效地清洁狗狗的耳朵。如果狗狗已经患上了耳朵疾病，需要和兽医商讨后再确定用什么样的清洗液。可能此时需要追加用一些有消毒和抗病毒效果的清洗液。

了解耳朵的构造

狗狗耳朵的构造和人类不同。人类是"一"字形的构造，而狗狗是"L"形的构造。这种构造不容易换气，也不容易排出分泌物，所以很容易感染耳朵疾病。

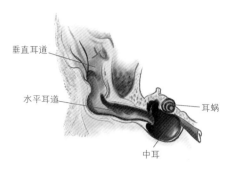

狗狗"L"形的耳朵构造

清洁狗狗的耳朵

用棉棒捅狗狗的耳朵是非常不好的方法。因为狗狗的耳朵是"L"形的构造，如果用棉棒伸进狗狗的耳道，无法触碰到水平耳道。而且棉棒很容易弄伤耳道上面的皮肤，反而会引起严重的耳朵疾病。如果不熟练，还会让棉棒的前半部分掉到耳朵里，那就不得不去医院了。

正确清洁耳朵的方法如下。

1.往狗狗的耳朵里打5mL左右的清洗液。如果无法把握具体的量，可以理解为能听到狗狗耳朵中有咣当的声音时就差不多了。

2.如果需要，可以用棉花堵住狗狗的耳朵。这样可以防止在清洁狗狗耳朵的过程中因为头部来回摇晃，导致清洗液洒出。

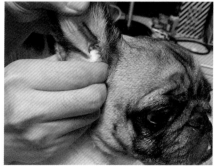

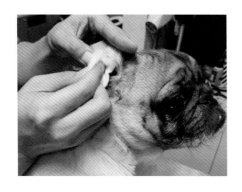

3.按摩狗狗的耳朵。揉一揉耳郭下侧圆锥形外耳部分的软骨，可以起到让耳朵中的清洗液中和分泌物的作用。为了让清洁效果更好，需要让清洗液在耳朵内停留5分钟左右。

4.按摩之后，如果之前用棉花堵住了耳朵，那就将棉花取下，摇晃狗狗的头部以便将清洗液甩出。一般狗狗会自己摇晃头部甩出清洗液，但如果狗狗没有摇头，可以通过按摩耳郭、朝耳朵内吹风等方法让狗狗摇晃头部。一般摇晃3～4次就可以完全甩出清洗液。

5.使用柔软的棉花或棉棒将耳郭褶皱中的分泌物清洁干净。一定不要把棉棒伸到狗狗耳朵中。

通过定期清洁耳朵，可以及早发现耳朵的异常情况。如果经常出现耳朵分泌物变多、绒毛变多、味道难闻的情况，需要及早送到医院进行检查。

🐶 清洁牙齿

狗狗拥有一口健康的牙齿是很重要的。如果牙齿管理没有做好，那口腔的味道就会超级难闻，而且还会引发牙垢和牙周炎。严重时还得拔牙，有时还会导致狗狗无法咀嚼食物。如果引发严重的牙龈炎，细菌就会诱发心内膜炎、败血症等全身炎症。那么想要拥有一口好牙，需要做些什么呢？那就是刷牙。刷牙是保持牙健康最基本且最有效的方法。大部分的主人都知道给狗狗刷牙很重要，但却不知道正确的方法，或者因为工作忙碌、狗狗不喜欢刷牙等原因就不给狗狗刷牙了。下面就详细了解一下给狗狗刷牙的具体方法。

给狗狗刷牙前需要了解的事项

刷牙不能超过20秒！

可能最开始主人们都想给狗狗好好刷牙，就会延长刷牙的时间，让狗狗和主人都很疲惫。狗狗很难坚持刷牙20秒以上。不要奢求完美，20秒之内就结束。

刷牙要从幼犬开始！一天一次！

最好要从幼犬（3~4个月）时开始培养刷牙习惯。那时狗狗对刷牙还没有抵抗心理，牙龈还很健康，刷牙时不会感到疼痛，所以很容易适应。从那时开始训练，狗狗成年之后就能够很轻松地给它刷牙。频率是一天一次。如果很久才刷一次牙，会让刷牙效果大打折扣；而且狗狗如果对刷牙不够熟悉，反而会加重它对刷牙的抗拒心理。

必须使用动物专用的牙刷和牙膏！

如果用人用的牙刷和牙膏，会伤害狗狗的牙龈，或对狗狗的牙龈造成强烈的刺激。另外，人使用的牙膏的气味会让狗狗对刷牙极度抗拒。所以一定要使用动物专用的刷牙工具。

正确的刷牙方法

1.在手指上稍微涂抹一些动物用牙膏，涂在狗狗的门牙上。不要强迫狗狗张开嘴，闭嘴的时候涂也可以。

2.按摩狗狗的牙龈部位，大概短短几秒钟即可。一天可以反复很

多次。

3.当狗狗熟悉了按摩的感觉后，可以慢慢将手指移到后槽牙部位。

4.当狗狗熟悉了整个流程，觉得很舒服时，就将动物用牙膏涂在软毛的动物用牙刷上，刷狗狗的门牙，持续几秒钟。

5.当狗狗熟悉刷牙的感觉后，就慢慢向里面深入，可以通过表扬狗狗来激励它，如果狗狗能够坚持完整个刷牙的过程，就给它零食作为奖赏。步骤2～5，每个阶段都需要大概一周以上的时间进行练习，所以得慢慢进行。

刷门牙的时候，需要从牙龈一直刷到牙齿。刷其他牙齿时，需要从上颚牙龈刷到下颚牙龈，反复循环去刷。如果能刷到内侧固然是好，但一般很难做到。可以只刷外侧和后槽牙，内侧不刷也没关系。

6.学会这些步骤之后，就可以每天给狗狗刷牙了。做好这些步骤，可以维持狗狗口腔的健康状态。

给狗狗好好刷牙的话，是不是就不用洗牙了？

不是的，即使给狗狗好好刷牙，可还是有很多牙刷够不到的地方。这些部位会积攒牙结石，容易诱发牙龈炎。所以即使给狗狗刷牙，也要定期洗牙。但如果每天给狗狗刷牙，那么洗牙的间隔可以变长，洗牙之后也可以让狗狗的牙齿保持更长时间的健康状态，所以建议一定要给狗狗洗牙。

Q. 我家狗狗只要一刷牙就想咬牙刷，甚至都不能把牙刷放到嘴旁边。可是它牙结石和牙周炎很严重，我该怎么办呢？

A. 成年狗狗如果没有熟悉刷牙的感觉，大部分会讨厌刷牙。特别是在已经得了牙龈炎的情况下会很疼，所以更不能用手去触碰。如果牙结石和牙周炎已经很严重，再刷牙也没有什么大的作用。首先应该让狗狗去洗牙，将牙结石都去除掉。牙结石去除掉之后，再进行牙周炎的治疗，等牙龈恢复健康之后再去尝试刷牙。狗狗牙齿不疼之后再去尝试更加容易。但如果疼痛消失之后，狗狗依旧讨厌刷牙，还是咬来咬去，那刷牙也会很费劲。对于这种狗狗来说，就得使用美味的牙膏、可以吃的牙膏、口腔消毒剂这种备选方案了。也可以使用预防牙结石的玩具，或者比较坚硬的狗狗磨牙棒，也会对防止牙齿疾病有所帮助。

容易诱发牙结石的食物有什么？

　　湿饲料或者罐头之类的食物容易粘牙，很容易引起牙结石。干饲料相对来说不那么容易引起牙结石。如果给狗狗喂预防牙结石的专用饲料，当狗狗咀嚼的时候，会在一定程度上让牙结石脱落，对于预防牙结石会有一定效果。

引发牙结石严重程度的饲料排序
　　罐头、湿饲料＞一般饲料＞预防牙结石专用饲料

给狗狗剪趾甲

剪趾甲的方法

　　狗狗也需要定期剪趾甲。如果不给狗狗剪趾甲，指甲过长会导致弯曲或者断裂。严重的话还会钻到狗狗脚周围的肉里。

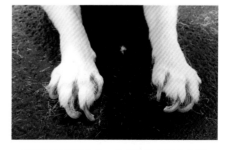

趾甲过长导致弯曲，使得狗狗的脚垫变形

从白色的趾甲中可以看到血管

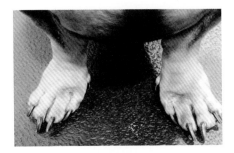

黑色的趾甲

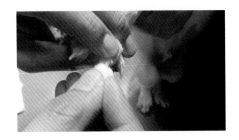

1.狗狗的趾甲上有血管，如果剪得太短，触碰到血管会流血，狗狗会很疼。如果狗狗被弄疼，以后就不喜欢剪趾甲了，这一点需要注意。

2.狗狗的趾甲如果是白色的，很容易看到血管，所以剪起来比较容易。从血管末端算起，留出2~3mm的程度再剪比较合适。但如果狗狗的趾甲是黑色的，就看不到血管了，这种情况下就要让狗狗的趾甲和脚底在一个平面上去剪。

3.如果剪到的部位流血，需要用干净的棉花按压5分钟左右。大部分情况下可以止住血，但也有间歇性持续出血的情况。这种情况下需要带狗狗到就近的宠物医院去止血。

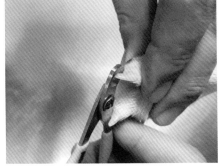

剪趾甲：从血管末端的部位开始剪

4.狗狗的趾甲一般前蹄有5个，后蹄有4个。偶尔会有长狼趾（副趾）的情况，这种情况下后蹄会有5个或6个趾甲。每只狗狗都不同，最好提前掌握狗狗一共有多少个趾甲。

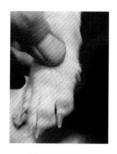 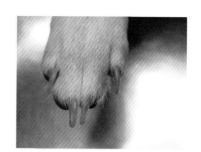

前蹄5个趾甲　　　　　　　　　　后蹄4个趾甲

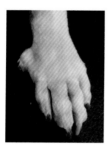 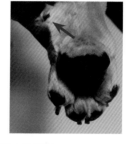

偶尔后蹄会有狼趾（副趾）的情况

▌如果狗狗不让触碰脚怎么办？

偶尔会有不喜欢剪趾甲的狗狗，也有一碰到脚趾就咬来咬去的狗狗。这种狗狗一般是在小时候有过脚趾或脚底受伤的记忆，或者患有四肢湿疹，导致脚部疼痛，所以特别讨厌剪趾甲。也有的狗狗没有理由就是对脚部敏感。不管怎样，强制给讨厌剪趾甲的狗狗去硬剪，确实是一件苦差事。甚至会出现狗狗受伤，或者主人被咬的情况。如果狗狗极度讨厌剪趾甲，可以试试下面的方法。

1.确认脚趾、脚垫、脚掌之间有没有问题。如果在家无法检查，最好带到宠物医院进行检查。如果找到了引起疼痛的原因，就首先接受治疗。

2.如果没有任何问题，就需要进行行为矫正。

（1）抱住狗狗，给它最喜欢的零食，慢慢抚摸狗狗的脚部。

（2）一边给狗狗零食吃，一边用指甲刀触碰狗狗的脚掌。

（3）一边给狗狗零食吃，一边用指甲刀反复地在趾甲处来回移动。

这样分阶段练习，狗狗就不会对剪趾甲产生恐惧，也会给狗狗好的记忆。此时需要注意的是，一定要在每次抚摸到狗狗脚部周围的时候才给零食！另外，一定要熟悉前一阶段的操作之后才能进入下一阶段！

3.如果这个方法失败，最好带狗狗到美容院或者宠物医院去剪趾甲，不要强制给狗狗剪。

🐶 肛门囊的管理

▍什么是肛门囊

狗狗肛门周围四点钟和八点钟方向有类似口袋的部位。这就是所谓的"肛门囊"，口袋当中有特别难闻的黏性褐色液体，这个液体主要是在狗狗排便时帮助其润滑的，也可以帮助狗狗标示自己独特的气味，这也就是所谓的领地标示。可能这就是狗狗专

属的"天然香水吧"。所以一般在狗狗初次见面的时候，都会在彼此肛门周围吭哧吭哧打鼻响，嗅一嗅彼此专属的气味。

▍必要的肛门囊管理

肛门囊当中的液体在狗狗排便时会自然而然流出。但如果是小型犬，会出现肛门囊液体不足的情况。如果肛门囊内的液体排不出来，积攒过

多，会出现炎症，严重的时候会破裂。如果狗狗肛门囊内的液体持续充盈就会发痒，会有想排出的欲望，于是狗狗就会出现一直翘着屁股蹭来蹭去等奇怪的行为（俗称"磨屁股"）。建议每两周给狗狗挤一次肛门。挤完后会出现难闻的味道，所以最好在狗狗洗澡前去挤。另外，狗狗出现磨屁股的情况，大部分是肛门痒的信号，所以建议给狗狗定期挤肛门囊。

▎挤肛门囊的方法

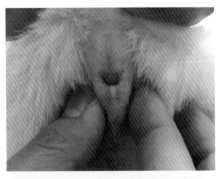

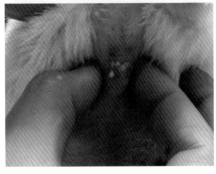

1.抚摸狗狗肛门周围四点钟和八点钟的方向，再抚摸两个圆圆的像珍珠一样的口袋。

2.在口袋末端部位伸入手指，将手指插入肛门去挤。

3.在位于肛门里的肛门囊入口处会看到有黏性的分泌物。如果液体过稀，会流到外部，最好用手纸垫一下。

4.擦干净分泌物后，让狗狗洗澡。如果不洗澡，可以涂抹消毒药或去味剂。

医生的建议

不要挤大型犬的肛门囊

大部分大型犬在排便或散步时，肛门囊液体会充分排出。只要没有患病或出现什么问题，就没有必要给狗狗挤肛门囊。挤一次后，液体的量就会变多，就要持续进行管理。

Q. 狗狗去完美容院之后，还会磨屁股。已经给狗狗挤了肛门囊，为什么还会这样？

A. 虽然已经去美容院或医院给狗狗挤了肛门囊，但回到家之后狗狗依旧磨屁股。这种情况下会被误认为是没有挤过肛门囊。

狗狗磨屁股的情况会在没挤肛门囊的时候发生，可挤过之后因为受到了刺激也会如此。特别是在美容院挤过肛门囊后，该部位的毛发会进到肛门中，刺激狗狗，让它变痒。一般一两天这个症状就会消失，不用过于担心。如果持续出现这种症状，说明狗狗可能患病，需要再次确认。

6

让狗狗吃好睡好的方法

🐶 正确喂饲料的方法

▎饲料的选择

选择饲料时，要根据狗狗的年龄、健康状态、饲料的成分、饲料的形态、狗狗的嗜好来决定。

狗狗的年龄——幼犬、成年犬、老年犬

最好给出生后不到10个月的幼犬喂高热量、高营养的饲料。大部分的饲料会有幼犬专用（Puppy用）的产品。如果给成年犬喂幼犬的饲料，会由于营养过剩变得肥胖。最好给成年犬喂成年犬专用饲料。

8岁以上的老年犬需要吃含有抗氧化成分的老年犬专用饲料。

健康状态——处方食品的选择

如果狗狗有特定的疾病，建议给狗狗补充特定的营养成分，考虑到这一点，就需要让狗狗吃处方食品。

针对心脏疾病、消化系统疾病、结石、肝功能不全、肾功能不全、胰腺病、过敏、肥胖、牙结石等各种各样的问题，都有专门的处方食品。最近处方食品的种类也越来越多，可以好好给狗狗挑选。

各种各样的处方食品

饲料

饲料基本成分当中，最重要的就是肉类。市面上有鸡肉、鸭肉、火鸡肉、牛肉等各种各样的肉。不同的狗狗可能会对特定的肉类过敏，如果狗狗的皮肤不好或者有皮肤过敏的症状，需要打听一下适合吃什么样的肉类后再做选择。除此之外，需要仔细阅读其中的成分，最好确认一下是否含有自家狗狗不能吃的成分。

一提到饲料，最先想到的就是干饲料。根据饲料形态的不同，除了干饲料之外还有罐头和粉状饲料等湿饲料。湿饲料容易粘牙，残留物较多，吃湿饲料会比吃干饲料更容易患牙结石，而且价格还高，这些都是其缺点。但比起干饲料，狗狗会更喜欢吃湿饲料，因为水分多，会对预防牙结石有帮助，这也是湿饲料的优势所在。需要根据狗狗的喜好和健康状态，来选择到底吃干饲料还是湿饲料。

狗狗的饲料喜好

不管是多好的饲料，只要不合狗狗的口味，那肯定不行。饲料的味道千差万别，狗狗的喜好也有许多差异，很难从最开始就找到适合狗狗口味的饲料。如果选择的饲料狗狗不喜欢吃，那就需要更换饲料，直到选出适合狗狗口味的饲料。可以先让狗狗尝试试用装，这也不失为一个好的办法。

喂饲料的方法

喂饲料的方法大体上可以分为规律喂食和自由喂食。

规律喂食是按照规定的时间给予狗狗一定的饲料。这个方法主要适用于不会控制饭量的幼犬，还有需要减肥的成年犬，另外也可以用于训练狗狗进食。要让狗狗意识到吃饭的量和时间，这也是最理想的喂食方法。

对于幼犬，一般建议的量是每天3~4次。因为幼犬自己不会控制吃饭的量，很多情况下即使吃饱了，也会一直吃，所以最好给幼犬定量喂食。

饲料的量过多或过少，都可能会引起狗狗呕吐或者大便异常等情况。发生这种情况应该和兽医商讨，调整饲料的量。

对于减肥中的狗狗来说，要计算狗狗所需摄取的热量，然后只在规定的时间给狗狗喂食，如果狗狗不吃就收走。一般放置10~20分钟即可。

对于训练那些不爱吃饭的幼犬，重点是要在规定的时间喂食。只有在规定的时间内才可以吃饭，如果不吃就收走。多次反复之后，狗狗就会认识到，如果在这个时间内不吃饭，就会饿肚子。这样一来，狗狗就会在规定的时间内按时进食了。

自由喂食是针对大部分成年犬使用的方法。成年犬能够感知吃饭的量，所以即使在碗中装满饲料，狗狗也会看情况自己去吃。虽然规律喂食是理想的方式，但如果没有办法准确掌握狗狗的进食状况，也可以自由喂食。但在自由喂食时，最好确认一下平时狗狗吃的量。如果狗狗进食量忽然减少，可能是因为饲料不合口味，或者是出现了健康方面的问题，需要带狗狗去检查一下。

 医生的建议

自己制作的饲料可以吃吗?

　　有的主人喜欢自己制作饲料。虽然不常见，但是有时会因为这些饲料而导致宠物被感染，大家会认为饲料中有防腐剂或添加剂之类的物质，而家里做的饲料因为材料新鲜，所以是安全的。但如果一不留神，也可能会引发危险。因为我们很难把握狗狗所需的营养成分的均衡。经过检验的饲料一般会对营养成分进行精确的调配，所以只吃这些饲料就能够维持狗狗的健康。但自己制作的饲料一不留神就会让某种营养成分过剩或者不足。因此需要准确了解狗狗所需的营养素，保持饲料的营养均衡。

🐶 不能吃的食物

　　有一些食物人类可以吃，但是狗狗绝对不能吃。如果狗狗吃了这些食物，会引起中毒，严重的情况下甚至会引起死亡，请一定切记!

巧克力、咖啡、咖啡因

　　会引发呕吐、腹泻、换气过度、口渴、多尿、兴奋、心率异常、痉挛、癫痫等症状。

酒精

　　会引发呕吐、腹泻、抑郁、呼吸困难、痉挛、昏睡等症状。

牛油果

会引发呕吐、腹泻等症状。特别是对鸟、兔子、地鼠等啮齿类动物毒性更强。严重时会引发瘀血、呼吸困难等症状，导致丧命。

夏威夷果

会引发丧失力气、抑郁、呕吐、痉挛、体温上升等症状。这些症状大概会在食用后12小时之内出现，大约会持续48小时。

葡萄和葡萄干

会引发肾功能障碍。原本身体状况不好的狗狗会对毒性产生更加强烈的反应。

生肉、生鸡蛋、骨头

生肉和生鸡蛋当中含有沙门氏菌、E.coli等细菌，容易引发食物中毒。吃骨头会卡到嗓子，引发食管穿孔等危险。

木糖醇

会引发低血糖，造成肝损伤。初期症状表现为呕吐、无力、行动调节障碍等，严重情况下会引起癫痫。

圆葱、大蒜、葱

刺激消化道，损伤红细胞。对猫咪的损伤会更大，但狗狗如果食用过量也会很危险。

牛奶

狗狗体内可以消化牛奶中乳糖的酵素少，如果喝牛奶会导致腹泻，引发其他消化系统的疾病。

盐

食用过量的盐，会引起口干、多尿等症状，严重时会中毒。此时会出现呕吐、腹泻、抑郁、痉挛、体温上升、癫痫等症状，严重时会引起死亡。因此尽可能不要吃盐分多的零食和人类的食物。

不能吃的食物

 错误小常识！

人吃的食物对狗狗都不好吗?

　　人吃的食物一般盐分较大，对狗狗不太好。但并不是所有的食物都不好。少盐的牛肉或家庭自制的干燥的鸡肉脯都是很好的营养来源，可以作为狗狗的零食。另外，黄瓜、卷心菜等水分较多的蔬菜对那些不爱喝水的幼犬来说，也能提供水分的补给，是很好的零食。西瓜、苹果等水果类食物可以帮助狗狗补充维生素和水分，但因为糖分高，所以推荐让狗狗少量食用。

7

狗狗肥胖的那些事

宠物如果胃口好，会引发肥胖。和人类一样，肥胖的宠物患癌症、糖尿病、关节疾病、心血管疾病、高血压等疾病的概率高。令我吃惊的是，很多狗狗已经胖得很严重，但主人们竟然还问我"我家狗狗算胖吗？"

🐶 狗狗为什么会肥胖

▌摄入高热量食物及运动不足

这是肥胖的主要原因。除了饲料之外，如果再摄入一些高热量的食物或人类的高盐食物，那狗狗十有八九会肥胖。如果狗狗变胖，那呼吸就会变得困难，关节负担也会加重，运动量就会更加不足，导致更加肥胖，形成恶性循环。

绝育手术

绝育手术之后，有很多狗狗会变胖。这是因为性激素减少，同时代谢率、压力、活动量都减少了。另外，雌激素有抑制食欲的功能，如果这个功能没了，反而食欲会增强。食欲增强、活动减少，当然就会肥胖了。

品种的特殊性

有的品种的狗狗就容易变胖。当然，不是说该品种的狗狗都会肥胖，只是变肥胖的概率高，所以需要在体重管理方面下更多的工夫。这些品种有，拉布拉多犬、腊肠犬、小猎犬、可卡犬、短脚猎犬等。

年龄

一般2～12岁时，狗狗会变胖。6岁时体重会达到顶峰，步入老年期的狗狗体重大部分会下降。在2岁之前，活动比较旺盛，基础代谢率也高，所以不易发胖，但如果幼犬肥胖，需要马上开始减肥。如果不及时减肥，很容易引发终身肥胖而遭受痛苦。

生活环境

人如果压力大，就会暴饮暴食，狗狗亦是如此。如果狗狗的压力变大，也会引发暴饮暴食。忽然改变生活环境，譬如有了新的家庭成员，有新的宠物来了，生活地点变了等，都会给狗狗带来压力，从而诱发暴饮暴食。另外，和同居的其他宠物抢食吃也会引发暴饮暴食。

药物

有的药物可以增强食欲、降低代谢率引发肥胖。譬如治疗皮肤过敏或免疫系统疾病的类固醇、治疗痉挛的药物等。

疾病

甲状腺功能减退、肾上腺皮质功能亢进等激素疾病，以及脑垂体和下丘脑部位的脑疾病都会引发肥胖。特别是在已经调整饮食和增加运动量后，依旧急剧肥胖的情况下，就需要怀疑狗狗患上了这些疾病。

🐶 肥胖程度评价

评价肥胖程度有各种各样的办法，下面就教大家肉眼可见的判断方法。从狗狗的肋骨和脊椎处骨头的突出程度可以判断狗狗的肥胖程度。简单来

①非常瘦	②瘦	③正常	④超重	⑤肥胖
没有皮下脂肪，只有皮肤覆盖，肋骨和脊骨严重突出，腰部紧缩	有少量皮下脂肪，可以触摸到肋骨和脊骨，腰部紧缩	可以触摸到肋骨和脊骨，周围有适当的皮下脂肪，腰部适当收紧	触摸不到肋骨和脊骨，使劲按压或抚摸可以感受到过量的皮下脂肪。颈部周围皱纹多，腰部成"一"字形	皮下脂肪过多，触摸不到肋骨和脊骨。颈部周围脂肪厚，腹部丰满

说，"摸不到肋骨和脊骨=肥胖"，记住这一点就行。反之，"用肉眼很明显地能够看到肋骨和脊骨=过瘦"。下面让我们具体看一下区分方法。

※①和⑤的狗狗需要马上进行体重管理。通过体检可以确认是否患有疾病，需要同时进行饮食管理和运动疗法。

🐶 正确的减肥方法

减肥没有捷径。需要彻底控制热量，再加运动！这就是最正确的方法。另外再加一点，如果有肥胖症，需要辅助进行适当的治疗。

▍减肥ABC—— A.控制热量

减肥期间需要控制摄取热量，这是最重要的一点。所有高热量的零食全部停掉，只喂饲料。重点是要计算好热量再进行配餐才会有效果。会有很多人问，"我家狗狗一直在吃减肥饲料，怎么还不见瘦啊？"之所以会发生这种情况，大部分是因为除了饲料之外还会喂一些零食，要么就是减肥饲料吃太多。很显然，即使喂很多低热量的减肥饲料，如果不限量，摄取的热量也不会减少，那么当然也就不能减肥了。因此，在喂一些减肥饲料的同时，更重要的是，控制热量的摄取量来减重。调整热量的摄取量，喂食的分量忽然减少，宠物会产生空腹感。此时，可以给宠物喂一些低热量的蔬菜（黄瓜、卷心菜、西蓝花等），可以使其产生饱腹感。

热量改善法

1. 在狗狗正在吃的饲料（减肥饲料）包装或者在某些公司的网页上，大部分都会标注建议喂餐量。定好目标体重，按照相应的建议喂餐量（克）喂餐。

2. 如果找不到建议喂餐量，或者想给自家狗狗确定一个更加准确的配餐量，那么可以按照下面的公式，先计算最低热量要求。

最低热量要求量（千卡）=30×体重（千克）+70

例如：5千克的狗狗最低热量要求量为30×5+70=220千卡（1千卡=4.186kJ）

计算完最低热量要求量之后，根据肥胖程度，乘以1~1.2倍即可

3. 计算完热量之后，了解一下喂的每千克饲料含有多少热量，然后决定配餐量（克）。决定喂多少克之后，使用专用的计量杯，或者使用纸杯亦可。一般一个纸杯可以盛70~80克饲料。要想测量得更加准确，可以将饲料放入纸杯中，看看一个纸杯能装多少饲料。

减肥ABC——B.适当运动

狗狗游泳

要想减肥成功，一半靠吃，一半靠运动。正如需要限制热量的摄入量一样，也需要适度消耗一下热量。运动的时候，需要根据狗狗的状态决定运动强度和时间，这一点很重要。健康的幼犬可以做一些登山、接飞盘等稍微剧烈的运动。但如果狗狗年龄大了或者过于肥胖，再做一些剧烈的运动反而会对关节和心脏不好。所以这些狗狗还是经常性做一些轻松的运动为好。一次运动的时间在10分钟左右最好，可以慢慢散步，

每天散步的次数越多越好。特别是对关节不好的幼犬来说，本身就讨厌走路。对于这些狗狗来说，最好让它们去游泳，在水里畅游是个不错的选择。这样对关节不会有大的损伤，也可以消耗很多热量。

减肥ABC——C.如果以上方法都试过还没有减重，那就要考虑是否患病

如果严格地限制热量并坚持运动，依旧没有减重，那就需要去宠物医院看医生了。狗狗很有可能患了增加体重的疾病。特别是老年犬可能会患有激素疾病或脑疾病，所以需要去医院进行检查。

注意事项——减肥中如果呕吐怎么办？

如果胃空的时间变长，可能会因为空腹导致呕吐或胃酸分泌，进而引发胃炎。在减肥中如果经常呕吐（特别是因为空腹导致吐出黄色胃液），建议去咨询兽医。可以服用胃酸抑制剂，严重时也可以中断减肥。

医生的建议

制订减肥计划吧！

听说过"三天打鱼两天晒网"吧？自己减肥本身就会很困难，狗狗减肥也并不是一件容易的事。比起减肥成功的案例，失败的例子会更多一些。虽然理由各种各样，但最主要的原因应该就是狗狗没有决心，重新回到了零食的世界。

如果自己减肥很痛苦，那就去医院制订一个减肥计划吧。在医院和兽医一起制订计划，从改善热量开始，一直到健康状态的检查，可以享受一条龙的服务。另外，定期去医院测量体重，当自己减肥松懈时就会知道紧张，还可以看到狗狗的体重是如何变化的，这样减肥就更加有动力了。除此之外，也可以使用饲料公司提供的减肥项目计划。

吃药的方法、涂药的方法、使用滴眼液的方法

 吃药的方法

▌丸药或胶囊

将药包裹在美味的食物当中！ 难易度：易

包在肉丸里 包在药包中

　　将丸药包在狗狗平时喜欢吃的食物里。一般把丸药放在芝士、面包、肉丸等食物中，也可以放到零食罐头当中搅拌着吃。市面上有卖那种中间空出来的零食，就是为了给狗狗装药而准备的。因为一般的狗狗不会嚼，都是

直接吞掉，所以用这个方法喂药比较简单。但是也会有敏感的狗狗将药挑出来，直接吐掉。如果这个办法不奏效，那就往下看。

使用宠物喂药器！ 难易度：中

使用宠物喂药器

这是强制狗狗将药吞掉的方法。宠物喂药器上有夹子，可以夹起胶囊，用喂药器将药推到宠物的嘴巴里，当嘴巴闭上后，刺激下巴，诱导其吞掉药。

用手将药丸塞到狗狗的嗓子眼里！ 难易度：难

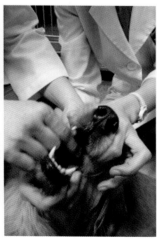

用手

对养狗新手来说不太容易，但如果熟练了就变成最方便的喂药方法了。直接用手拿起药丸，将药丸推到舌根处的嗓子眼里，狗狗把嘴闭上后按摩狗狗的下巴，诱导狗狗吞掉。如果狗狗对主人不信任，或者狗狗咬人，这个方法就行不通了。

粉状药

将药混在美味的罐头零食中或将药混在蜂蜜或果酱中并涂抹在嘴上！难易度：易

使用罐头零食

将药混在狗狗平时喜欢吃的且味道浓郁的罐头零食中。罐头的味道越浓郁，药物的味道就会越容易被掩盖，这样喂药就会更有效。将罐头零食加热，味道会更加浓郁。

和果酱或蜂蜜混合

粉状药和果酱与蜂蜜混合之后会很黏稠，抹在狗狗鼻子下方的上嘴唇处，狗狗就会用舌头舔着吃掉。如果可能的话，抹在上颚处也是个很好的办法。

混在水中，抽到注射器里让狗狗吃！　难易度：中

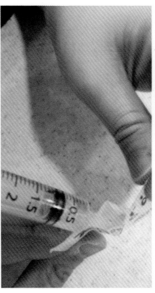

使用注射器

将粉状药倒入水中，用注射器喂给狗狗。将注射器放入狗狗的颊囊中，慢慢地注射会比较安全。如果放到嗓子深处或以很快的速度注射，可能会呛到狗狗，这一点需要注意。

掰开颊囊将药塞入！难易度：难

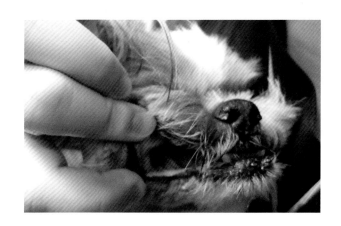

这种方法是将粉状药直接塞入狗狗的颊囊中。熟练的话，这种方法是最简便、最安全的方法。打开狗狗的嘴唇，当狗狗的颊囊处于充盈状态时将粉状药倒入，然后抚摸狗狗的颊囊。这样粉状药就会化在唾液当中。此时如果倒入过急，可能会呛到狗狗，这一点需要注意。

医生的建议

　　最开始喂药的时候要从难易度较低的方法开始尝试，如果不可以再采取下一个办法。难易度越低，主人和狗狗的压力就越小，喂药也就更加安全。以喂零食的姿势去给狗狗喂药，这样狗狗就不会对喂药的姿势表示抗拒。吃完药之后可以表扬狗狗或者给零食奖励，这样有助于消除狗狗对药的消极情绪。

🐶 涂抹软膏的方法

大部分的狗狗患了皮肤病或者受了伤都需要涂抹软膏。涂抹软膏的时候最容易犯的错误就是涂得太厚。很多人坚信，涂得越厚效果越好，但这是错误的。

涂软膏时需要注意的事项

剪掉病变部位的毛发

如果有毛发，会更加容易感染，而且软膏也不容易被吸收。

用宠物医院的狗狗专用消毒剂先进行消毒

用消毒剂将病变或受伤的部位洗干净，有除菌的效果。最好使用宠物医院销售的浓度和种类都适合狗狗的消毒剂。

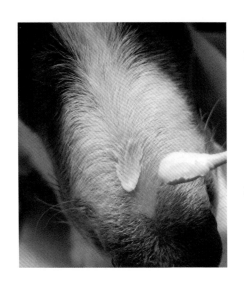

用棉签蘸一下软膏再薄薄地涂抹

人的手可能会被污染，所以最好用干净的棉签蘸着涂抹。只需要用一点点，薄薄地涂在病变或受伤的部位即可。当涂完软膏之后，还能够看到病变或受伤的部位，就说明涂抹的量比较适当了。

 举手提问！

Q. 可以给狗狗涂抹人用的夫西地酸或美加丝防疤软膏吗？

A. 夫西地酸是被广泛使用的抗生素，美加丝防疤软膏不是抗生素，但却是可以帮助治愈的天然物质。如果有伤或被感染，可以两者配合使用。需要注意的是，夫西地酸容易很快产生耐药性，所以如果一直使用，就会没有效果。另外，两种药品根据各自种类的不同，里面会混有类固醇（例如，复合美加丝防疤软膏、夫西地酸软膏）。类固醇会加剧感染，所以不能用在易感染的伤口处。一定要确认药物中是否含有类固醇，而且最好不要长时间使用。如果短时间使用没有效果，那就去找兽医咨询会更加安全。

🐶 使用滴眼液的方法

人使用滴眼液也不是件容易的事。我本人每次使用滴眼液的时候总是眨眼睛，需要试好几次才能成功，更何况是狗狗呢？使用滴眼液的时候，重点是不能让狗狗看着滴眼液掉进眼睛中。狗狗不知道这是不是药，可能会以为是什么东西要刺进眼睛中，会更加害怕，就会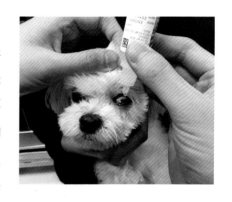更加紧闭眼睛。所以在使用滴眼液的时候要尽可能地扯住狗狗的上眼皮，最好在露出眼白之后将滴眼液滴到眼白处。不能让狗狗看着滴眼液滴进眼睛中。

医生的建议

滴眼液就只滴一滴！如果要滴多种滴眼液，就间隔5分钟！

滴很多滴眼液并不是一件好事。1~2滴就足够了。如果滴了很多滴眼液，眼睛不会吸收，都会流到外面。另外，如果需要滴多种滴眼液，首先得让滴过的滴眼液充分吸收。如果连续滴，要么就是流到外面，要么就会影响每种滴眼液的吸收效果。最好在滴完一种滴眼液之后等待5分钟，再滴下一种。

9
注意狗狗生病的信号

🐶 最初发出的信号

人只要有一点点不舒服就会马上说，但是动物不会说话，所以患病初期不易被察觉。一般是发生呕吐、腹泻或其他肉眼可见的异常情况时才会得知狗狗已经生病。可惜的是，如果错过了初期的症状，就会错过了最佳的治疗时机。正如"小孔不补，大孔叫苦"这句话说的那样，大部分的疾病越早发现治疗起来就越容易，可以用药物治疗，也可以用针灸疗法；但如果发现晚了，严重时可以导致瘫痪。

动物患病初期就完全没有任何表现吗？不是的。动物们也会表现出不舒服的。动物们刚患病的时候，主要有以下3个信号。

信号1：不喜欢吃饭

如果动物感觉哪里不舒服，饭量就会变小。以前吃饲料吃得很好的狗狗忽然不吃了，以前很喜欢吃的零食现在放到嘴边碰都不碰，那就要怀疑是不是哪里不舒服了。

信号2：缩成一团，不愿动弹

人如果生病会躺在床上一动不动吧？动物也是一样的。出现疼痛或肚子不舒服，甚至心里不安时，都会不愿意动弹。此时狗狗会蜷缩到角落里。原本活泼爱玩的狗狗如果突然蜷缩起来，那应该是哪里不舒服了。

信号3：没有理由地乱叫，甚至发出悲鸣

有时狗狗自己待着好好的，忽然开始乱叫；有时想去摸摸狗狗，可是狗狗也乱叫，但明明没有碰到它。这就是狗狗正在表现出强烈的生病信号。脊椎，特别是椎间盘部位疼痛，或者有关节疼痛时最容易发出这种信号。如果遭受到意外的虐待或有反复遭受到暴力的经历，即使没有疼痛的部位，狗狗也会有这种行为。

请大家铭记上述的情形，如果出现上述情形，需要立即带狗狗去医院，虽然不是紧急情况，但如果再拖下去，可能就会引发狗狗其他部位的疾病。好好守在狗狗身旁，如果发现情况不好，最好立即带狗狗去检查。

🐶 可以在家进行的健康检查

下列项目可以轻松在家检查。如果出现了对应的症状，那一定是哪里有问题了。需要抓紧时间带狗狗去检查。

▌排尿

症状	检查
排尿量忽然变多或忽然变少	
小便颜色变深或变浅	
小便疼痛或尿滴沥	
小便出血	
小便有结晶或其他黏糊糊的物质	
小便味道重	

▌排便

症状	检查
黏液便或腹泻	
肉眼可见血便	
3天以上没有排便	
排便疼痛，排便过久	

▌呕吐

症状	检查
呕吐每日一次以上	
没有呕吐物，但却干呕	
呕吐物中可见血	

体温

症状	检查
体温偏低（触摸时体温低于手的温度）	
体温偏高（抚摸时很热，喘不过气，呼吸急促）	

行走

症状	检查
抬腿走路，或走路一瘸一拐	
走路踉跄，总是跌倒	
拖着腿走路	
走路容易撞到东西	

眼睛、鼻子、耳朵、嘴巴

眼睛

症状	检查
睁不开眼睛	
黑眼球发灰，白眼球充血	
白眼球变黄（黄疸）	
眼睛比平时更加突出	
眼珠周围结膜肿胀或突出	

鼻子

症状	检查
鼻塞	
流鼻血	
流黄色鼻涕	

耳朵

症状	检查
耳朵有异味，有渗出物	
耳朵红肿	
频繁甩耳朵	

嘴巴

症状	检查
口腔异味严重	
牙结石严重，导致看不清牙齿	
嘴巴、牙龈出血	
牙龈发白	
牙龈可见肿块	

皮肤（四肢）

症状	检查
皮肤有异味、黏糊糊的	
皮肤有类似粉刺一样的东西	
有掉毛现象	
皮屑严重	
皮肤出现肿块	
脚趾之间红肿	
脚趾出血化脓	

如果出现以下症状，一定要去医院，很紧急

紧急情况从来都是没有任何前兆就发生了。对于宠物来说，会有各种各样意想不到的紧急情况。我们无法预防所有的突发状况，但需要熟悉在出现紧急情况的时候，如何快速地进行应对。

最近美国兽医学会（AVMA：American Veterinary Medical Association）公布了需要及时治疗的13种紧急情况。

1.严重出血或出血5分钟以上还未停止。

2.喘不过气、呼吸困难，不停地咳嗽、干呕。

3.鼻子、嘴巴、直肠出血，或有吐血、血尿等症状。

4.排尿障碍、排便障碍，或有明显的疼痛。

5.眼睛损伤。

6.确认或怀疑狗狗服用了有毒物质（例如，防冻剂、木糖醇、巧克力、老鼠药等）。

7.狂躁或走路踉跄。

8.出现骨折或跛行，导致腿部无法行走。

9.看起来出现疼痛或不安的情况。

10.热射病等因为高温而感觉到压力。

11.一天出现两次以上呕吐、腹泻等症状。

12.24小时不喝水。

13.没有意识。

以上的这些症状都很危险，需要立即带狗狗去医院。特别是出现1、2、3、6、10、13等症状时，需要刻不容缓地送到医院，采取进一步应急治疗。有时由于症状很重，会在送往医院的途中出现休克，这一点也需要注意。如果出现紧急情况，在到达医院之前需要和兽医保持紧密的联系。

医生的建议

事先了解家附近的24小时宠物医院

  紧急情况在任何时候都有可能发生。特别是在晚间发生这种情况，会更加令人不知所措。最好事先了解一下家附近宠物医院的情况，特别是为了应对夜间的突发状况，最好事先确认24小时宠物医院的具体位置和联系电话，这样会在发生紧急情况时有所帮助。

10
计算宠物狗的年龄

　　宠物狗的寿命平均只有人类的1/5，会比人类先离开这个世界。也就是说，狗狗的年龄增长速度比人类的快5倍左右。例如，如果家里的狗狗是6岁，那就相当于人类的40多岁了。

　　从一出生开始到6岁这段时间，年龄增长的速度是更快的，一年相当于人类的7年。6岁之后速度会放慢，一年相当于人类的4年。另外，年龄增长的速度根据狗狗体型大小的不同而有所区别，比起小型犬，大型犬的寿命会更加短一些。

　　下表是狗狗年龄和人类年龄的换算表。从狗狗7岁到进入中年这段时期，需要更加注重健康管理。

狗狗年龄和人类年龄的换算表

宠物的年龄（岁）	年龄（岁）		
	小型犬 0.5～10kg	中型犬 10～20kg	大型犬 20～40kg
1	7	7	8
2	13	14	16

宠物的年龄（岁）	年龄（岁）		
	小型犬 0.5～10kg	中型犬 10～20kg	大型犬 20～40kg
4	26	27	31
5	33	34	38
6	40	42	45
7	44	47	50
8	48	51	55
9	52	56	61
10	56	60	66
11	60	65	72
12	64	69	77
13	68	74	82
14	72	78	88
15	76	83	93
16	80	87	99
17	84	92	104
18	88	99	109
19	92	101	115

举手提问！

Q. 狗狗可以活到多大？

A.和人类一样，狗狗的寿命也在延长。实际上在我刚刚从事兽医行业的2000年，当时就有很多狗狗的寿命超过了10岁，近来超过15岁的狗狗也不少见。虽然还没有准确的数据记录到底狗狗能够活到多少岁，但现在普遍都是15岁，还有很多寿命长的狗狗可以活到22～23岁。当然，长寿的秘诀就在于通过体检早期发现各种疾病并及时治疗。

第二章

通过症状推测
狗狗的疾病

1

呕吐

呕吐是狗狗患病时最常见的症状之一。狗狗患有传染病、吞了异物、饮食不合适、压力过大、疾病（胃炎、幽门螺旋杆菌、胰腺炎、肾功能不全、肿块）等都会引起呕吐。因为原因有很多，单纯凭呕吐这一点是没有办法确诊的。

呕吐的原因

- 神经性疾病（压力、习惯性呕吐等）。
- 消化系统疾病（胃肠道内异物、炎症、消化不良、肿瘤等）。
- 肝、胆、胰腺疾病（肝炎、肝硬化、肝囊肿等引起肝功能不全，胆囊炎、胆道闭锁、胆肿瘤等胆道疾病，胰腺炎、胰腺肿瘤等胰腺疾病）。
- 肿瘤（全身其他部位肿瘤）。
- 神经系统疾病（脑肿瘤、脑炎、前庭器官疾病）。
- 激素疾病（糖尿病、肾上腺皮质疾病、甲状腺疾病等）。
- 传染病（病毒性肠炎、细菌或霉菌感染）。

- 泌尿系统疾病（肾功能不全，肾脏、膀胱、尿道等肿瘤，炎症、闭塞等疾病）。

- 其他疾病（全身的炎症、败血症、中毒等）。

🐶 诊断和治疗

基本检查

通过身体检查、血液检查、放射线检查、超声检查等确认是否脱水、全身的状态如何、肝脏和心脏的功能如何、胃肠道内是否有异物等。

传染病检查

对没有完成接种疫苗的幼犬来说，可以通过传染病检查确认是否有传染性肝炎。

补充的精密检查

如果怀疑幼犬有其他疾病，可以进行胰腺检查、激素检查、胃肠道造影检查、胃肠镜检查等。

如果怀疑体内有肿块，或者脑部有问题，可以通过CT、MRI等精密影像诊断的方法进行检查。

治疗方法

如果呕吐严重，可能会因体内水分不足而导致脱水。为了防止脱水，就需要进行输液，与此同时还要使用抗生素、抗呕吐药等大众治疗方法。大部分不严重的胃肠道疾病（例如由于饮食和压力引起的消化系统症状）可以只用大众治疗方法，治疗3~5天即可。但对于重症疾病来说，如果不进行根本性治疗，就不会改善症状。如果症状持续过久，找出患病原因后需要追加治疗。

▌注意事项

- 不到3个月的幼犬很容易脱水或低血糖。如果呕吐，最好还是马上去医院。
- 如果一天呕吐3次以上，或者一周内呕吐两次以上，很可能患有基础性疾病。需要持续观察，进行精密检查。特别是老年犬，更需要注意。

🐶 在家应对方法

如果狗狗身体健康，一两次的呕吐并不会有什么大的问题。可能是空腹或压力引起的单发性呕吐症状。如果狗狗仅有一两次的呕吐，可以先试试下面的方法。

1.呕吐后禁食禁水。

2.如果6小时之内不再呕吐，可以喝少量的水。

3.喝水之后，如果1小时之内不再呕吐，可以给狗狗吃一些易消化的处方饲料，或给狗狗少喂一些平时吃的饲料。

4.之后如果没有再呕吐，过1~2天可以稍微增加饲料的量，一直增加到正常的量为止（期间不能给狗狗吃容易诱发呕吐的零食、人吃的食物、点心等）。

　　如果按照上述方法做了后依旧呕吐，还是建议去医院。

举手提问！

Q. 我家狗狗每天早晨吐黄色的液体，但没有其他异样。

A.黄色的液体就是胃液。如果空腹时间过久，身体内在一定时间内分泌的胃液会对狗狗形成刺激，导致呕吐。如果身体状态是健康的，只是在早晨呕吐，就需要减少狗狗空腹的时间。可以晚上晚点吃饭，或者在睡前给狗狗喂一些饲料。如果依旧没有改善，可以向兽医咨询，开一些保护剂会有所帮助。

2
腹泻
（血便）

狗狗患病时最常出现的症状之一就是腹泻。暴饮暴食或吃的食物不合适都会偶尔出现大便不成形。但如果便水或便血，就需要抓紧时间治疗。

腹泻（血便）的原因

- 不好好吃饭。暴饮暴食，消化不良，压力过大等。
- 病毒、细菌等传染病，寄生虫等胃肠疾病也会引起腹泻。
- 胃肠闭塞引起的疾病（肠套叠、肿块、异物）等。
- 胰腺炎、胰液不足、胰腺肿块等。
- 胃肠道以外的脏器疾病（例如，肾功能不全、肝炎、胆道疾病）等。
- 激素或内分泌疾病。
- 其他败血症、全身炎症性疾病、中毒等也会引起腹泻。

如果禁食后还出现反复腹泻的症状，就需要立即去宠物医院。

医生的建议

如果符合下面的情况，请立即去医院！
不到3个月的狗狗。每天3次以上反复腹泻。腹泻持续两天以上。
便水，大便完全不成形。有血便或有黑便。

🐶 诊断和治疗

　　首先需要进行体检、粪便检查、放射线检查、血液检查等，如果有其他怀疑的疾病，可以进行彩超、造影检查。怀疑有胃肠道以外的疾病，可以通过检查来确定相关脏器的异常。

　　正如出现呕吐一样，腹泻也容易引起脱水和电解质不均衡。因此需要输液治疗来补充水分和电解质，并配合抗生素治疗来抗感染。

　　一般情况下采用惯用治疗方法即可，但如果是其他特殊原因引起的疾病，需要查明病因再进行治疗。

　　如果腹泻经常复发，则需要吃高纤维食物来改善肠内环境。常吃治疗胃肠道疾病相关的处方食品或乳酸菌食品会有所帮助。

🩺 医生的建议

　　有的狗狗年龄小，吃得好，身体状态也不错，可是就是经常腹泻。去医院接受了治疗，吃了药，就会好很多，可是过一阵子又复发了。这种情况大多是得了细菌性腹泻。特别是梭菌或弯曲杆菌等致病性细菌在肠道内潜伏，在狗狗压力过大或身体状况不好时就容易使细菌繁殖，不容易治愈，而且很容易复发。在土壤等污染的环境中容易感染这种细菌，在散步时需要尤其注意。特别是年幼的狗狗更应该提高警惕！

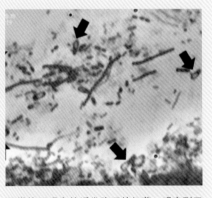

显微镜下观察的诱发腹泻的细菌。观察到了网球拍状的梭菌

　　由于不易治愈，且容易复发，所以平时需要给肠道内保持一个健康的环境，这一点很重要。可以给狗狗喂一些对胃肠道功能有益的处方饲料，或者给狗狗喂狗狗专用乳酸菌，这样肠内健康的细菌增多，有害细菌减少，肠道环境也就变好了。

3
几天不排便

　　狗狗也会便秘。狗狗正常是一天排便一次。如果3天以上没有排便，很可能会有食欲不振、呕吐等症状，需要治疗。如果持续便秘，也可能会伴有食欲减弱、无力、肠内细菌增多等引发的感染、巨结肠等其他全身性症状，所以需要抓紧治疗。

便秘的原因

- 饮食习惯导致纤维素和水分摄取不足。
- 异物、肠道炎症及肿瘤，巨结肠等胃肠相关的疾病。
- 压迫直肠的其他脏器疾病（例如，前列腺肥大、阴道肿瘤等）。
- 自主神经系统疾病（肠道蠕动减少）。

诊断和治疗

　　通过放射线检查，了解体内粪便的量。

　　如果需要的话，可以通过血液检查、彩超检查等了解胃肠系统的状态和周围其他脏器的状态。

如果便秘严重，可以通过灌肠先将粪便排出。之后再通过饮食管理、水分调节、输液等普通治疗方法进行治疗。如果是因为饮食习惯导致的便秘，有很多可以缓解的方法。但如果是因为其他原因导致压迫直肠的其他脏器疾病，那就需要进行根本性的治疗。

 医生的建议

在家处理便秘的方法

给狗狗提供充分的纤维素和水分。要想有充分的纤维素，就需要喂处方饲料或零食，也可以给狗狗吃一些卷心菜等蔬菜类食物。

按摩肚子。给狗狗按摩后腿内侧的肚子部分，使其变温变暖。这样可以增加胃肠蠕动，对于排便有所帮助。

增加运动量。可以进行散步等轻松的运动，促进肠道蠕动。

4

大便里有寄生虫

和狗狗在室内一起生活时，是尤其需要重视的。

现在有很多好的杀虫剂，卫生管理也做得很好，所以很少会有狗狗像过去那样被寄生虫所感染。但如果狗狗经常在野外生活，或者总是吃掉在地上的食物，那就很容易被寄生虫所感染。另外，为了销售会把狗狗放到农场或收容所等共同饲养的区域，这样会让狗狗更容易感染寄生虫。

有如下症状就需要怀疑是否有胃肠系统的寄生虫

- 大便中有寄生虫，或者呕吐物中有寄生虫。
- 饭吃得很好，但一直不长肉；总是觉得肚子饿。
- 屁股发沉走不动。

诊断和治疗

严重时会有腹腔积液或影响到其他脏器。如果确认被寄生虫感染，需要立刻去宠物医院进行检查，吃抗灭寄生虫的药。如果还有其他疾病，就需要特别注意。如果服用的药量比体重还重会很危险。

5

吃粪便

狗狗有时会吃自己或其他动物的粪便，这种行为被称为"食粪症"。对于将狗狗当成自己孩子养的主人来说，看到自己的狗狗吃粪便，简直无法接受。虽然很难理解，但这种食粪症在狗狗当中并不罕见。一般在狗狗的成长过程中会自然而然地改掉。但也有一些狗狗即使长大，也会一直吃粪便。为什么会这样呢？

🐶 食粪症的原因

虽然没有确切的原因，但有几种推测的假说如下：

● 狗妈妈有时为了将幼犬身边清理干净，会去吃幼犬的粪便。幼犬可能会去学狗妈妈的这种行为。

● 狗狗压力过大。

● 饮食调节失败（饲料量调节失败、吃不合适的饲料等）等引起的体内营养供给不均衡。

- 健康方面的疾病。

- 粪便内有大量的蛋白质成分，会让粪便变得美味。

- 狗狗主人没有正确地制止它吃粪便的行为。

（过分发火、对狗狗体罚的话，狗狗不知道为什么凶它，会产生很大压力，导致这种行为更加严重。）

🐶 诊断和治疗

食粪症可以通过医学和行为学两个方面进行治疗。

医学层面

当大便的性状（黑便、稀便、血便等）异常，或狗狗出现异常症状（呕吐、无力）时，不能单单理解为"问题行为"。最好去医院进行检查，确认狗狗是否是消化功能出现问题，是否有胃肠道疾病。

行为学层面

行为学层面的问题不是短时间内就可以解决的。为了纠正狗狗的行为，需要持之以恒的努力和耐心。

让粪便变难吃，给狗狗找其他美味的食物

为了让粪便变得更加难吃，需要更换一些比以前饲料蛋白质含量更少的饲料。这样粪便中的蛋白质含量降低，也就没那么好吃了。另外，可以给狗狗找一些比粪便更加美味的食物或零食，以此来引起狗狗的注意，这也是一

个不错的办法。

调节饲料的量

饲料的量过多或过少都容易诱发食粪症。向兽医进行咨询，根据狗狗的体格和状态决定饲料量的多少。

粪便需要马上清扫

让狗狗没有机会接触到粪便，但每天都要盯住狗狗何时排便确实不容易。所以尽可能规律地给狗狗喂食，这样就可以预测狗狗大概什么时候排便。

给粪便设置陷阱

在狗狗的粪便中加入一些让它讨厌的味道，让狗狗讨厌吃粪便。

发现狗狗吃粪便时请无视

如果发现狗狗在你面前吃粪便，请彻底无视它。狗狗都想获得主人的爱，如果狗狗被无视了，就知道自己的行为让主人不开心了。如果对狗狗过分呵斥或者惊吓，狗狗就会感到压力或者故意调皮，反而会产生反作用。

当狗狗看到粪便却不去吃时，要表扬狗狗

当狗狗看到粪便却不去吃时，要表扬狗狗或者给它吃美味的饲料和零食。反复去做，狗狗就知道只要不去吃粪便，就能够得到奖励了。通过简单的训练，狗狗想要吃粪便时，就给它下达命令（坐下！伸手！），如果狗狗听话，就表扬它。

食粪症虽然是狗狗的自然行为，但大便内有寄生虫和对身体有害的物质，会影响狗狗的健康。给狗狗纠正过来后，狗狗很少再犯，所以一定要好好纠正。

 医生的建议

　　纠正狗狗的行为都是如此，特别是纠正狗狗吃粪便时，人一定要一直在家里。为了纠正狗狗的行为，在狗狗排便后需要马上清理粪便，将狗狗的注意力转移到其他地方，这一点很重要。当人不在家时，无法阻止狗狗去接近粪便，所以也无法使其得到训练。如果人一直在家中，狗狗依旧得不到有效训练，那就需要将狗狗放在宠物医院或宠物学校里一段时间，委托专业机构去纠正狗狗的行为。如果是幼犬，在接受一段时间的反复训练之后，以后就对粪便没有兴趣了，即使不马上清理，也不会去吃粪便了。

❗ 错误小常识！

关于狗狗吃粪便的错误小常识!

　　1.在饲料里添加一些东西，就会让狗狗对粪便不感兴趣?

　　很多主人都会来问我，听说在饲料当中加入一些调料，狗狗就不会再对粪便感兴趣。首先，粪便原本就是不好吃的；与其说狗狗觉得粪便好吃，倒不如说狗狗觉得粪便有趣，粪便中含有的饲料成分引起了狗狗的兴趣。所以没有必要让粪便变得更难吃。另外，也没有充足的科学证据表明在饲料中添加调料会让粪便的味道改变。让狗狗的注意力从粪便上转移开，通过调节饲料的量和疾病的治疗，让这个问题得到根本的改变。

　　2.狗狗一将鼻子贴到粪便上，就要训斥它?

　　这样会起到反作用。如果用这种方式训斥狗狗，狗狗会不清楚为什么训斥它，反而会对粪便更加感兴趣，狗狗感受到压力就会吃更多的粪便。这是千万不能做的行为之一。

6

小便出血

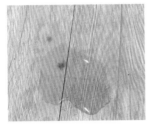
小便即将结束时滴了一两滴血

小便中混合了血液

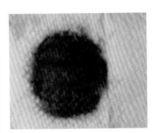
血液和小便混合，形成褐色尿

有时狗狗的小便中混合了血液，会出现褐色小便。这种症状叫作"血尿"。血尿主要是泌尿系统的疾病或是全身疾病的症状之一。

血尿的原因

吃圆葱

圆葱当中含有二硫化丙基丙烯（ally propyl disulfide），该物质会破坏狗狗的红细胞，引起贫血或血尿的症状。如果确认狗狗吃了圆葱，需要赶紧去宠物医院接受检查和治疗。

免疫性溶血性贫血

该疾病是自身破坏红细胞的疾病，是在自身免疫大战中引发的疾病。症状主要表现为血尿、贫血、无力等。如果放任不管，会因为贫血引起休克，所以需要立刻检查治疗。

肝脏和脾脏的异常

吃了有毒物质或有肿瘤、炎症导致肝和脾被损伤时，会出现血尿。

泌尿系统疾病（肾脏、膀胱、尿道、尿管）

泌尿系统的炎症、结石、肿瘤等疾病会引起血尿。

医生的建议

不要混淆子宫分泌物和血尿！

狗狗有时会出现子宫积脓或阴道炎等子宫出血性分泌物，这是生殖系统出现的分泌物。有时在小便时会有血尿，二者容易弄混。子宫的分泌物大多会更加浓稠，因此很容易用肉眼进行区分，但依旧需要通过放射线或彩超等检查来进行准确的鉴别确诊。

🐶 诊断和治疗

基本方法是通过放射线、彩超、小便化验等检查手段判断是否有泌尿系统的炎症、肿瘤、结石等。若要确诊溶血性贫血，肝、脾异常等疾病，还需要做血液检查。

检查之后根据病因进行内外科治疗。

泌尿系统结石

　　肾脏、膀胱等泌尿系统产生的结石称为泌尿系统结石。肾脏和膀胱是结石的好发地。如果结石发生移动，在尿道和输尿管等处也容易产生结石。

　　发生结石的原因主要在于饮食习惯、膀胱或肾脏的炎症、遗传基因、先天性疾病等。发生结石时，会伴随血尿、排尿困难等症状。最普遍且有效的治疗方法就是手术去除。如果是膀胱产生结石，可以通过手术取出；但如果是肾脏和尿道、输尿管产生结石，手术之后可能会产生后遗症，需要向兽医咨询后慎重决定。

　　另外，结石很容易复发，需要终身进行健康管理。

　　最重要的管理方法就是多喝水。如果饮水量足够多，排尿也会更快，这样结石的发生率就会减小。除此之外，可以通过药物治疗炎症，也可以通过有益于排尿系统的辅助药品或处方饲料进行健康管理。

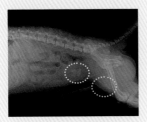

【结石放射线】在放射线检查中发现的结石（白色圆块）以及尿道内的结石（黄色圆块）

手术后取出的结石

7
小便味道重

正常的小便味道是我们所熟知的味道，但如果被感染或者患有全身性疾病，小便的味道就会变重。

🐶 小便味道重的原因

▌喝水量少，排出浓缩小便

平时喝水少或者因为环境原因无法得到正常的水分供给，此时就容易排出浓缩的小便。这种小便颜色深，虽然气味和一般的小便类似，但味道更重。如果身体状态良好，可以去确认一下是否在得到充分的水分供给之后能够改善症状。

▌患膀胱炎

健康的膀胱和小便中是没有细菌的。但因为各种各样的原因，膀胱不健康时，也会引起细菌感染。细菌繁殖代谢的过程中会产生代谢物，因膀胱损伤，小便会有味道或强烈的恶臭。有人说有点像腐烂的鱿鱼的气味。

全身疾病（肾病、肝病、糖尿病）

当肾脏、肝脏有损伤，或患有糖尿病时，小便都会有特殊的味道。比起幼犬，有些成年的狗狗更容易出现这种现象，吃了有毒食物或服药的狗狗也容易出现这种现象。

 诊断和治疗

小便味道严重时可以通过小便检查来确认是否患有肝炎或浓缩尿。也可以进行补充检查，通过血液检查、放射线、彩超等检查来确认全身机能的状况。

治疗时需要确认患病的根本原因，重要的是要减少小便中的感染或异常成分。

医生的建议

膀胱炎

宠物最容易患的疾病就是膀胱炎。如果得了膀胱炎，小便就会有味道，颜色会变得混浊，甚至会出现血尿。膀胱炎的病因多是细菌感染，但偶尔也会因为结石或其他原因引起无菌性膀胱炎。如果对膀胱炎坐视不管，很容易引起结石、肿瘤、败血症等，一发现就需要马上治疗。最基本的是使用抗生素等药物治疗，多喝水，才能让小便顺利排出，也可以给狗狗吃一些蔓越莓这种天然辅助剂。膀胱炎很容易复发，一定要持续监测。

8

喝水量大，排尿量大
（多饮、多尿）

比平时喝水喝得多（2倍以上），特别是小便量比平时增加很多时，就可以怀疑患病了。狗狗大多是肾脏有问题，或者有糖尿病、肾上腺皮质亢进症等激素疾病。正常的狗狗如果过量运动，在天气炎热的情况下，水分损失量会变多，饮水量自然也变大。但区别是，这种情况下小便量不会有变化。

🐶 多饮、多尿的原因

- 肾脏疾病。

- 肝脏疾病。

- 激素疾病（糖尿病、甲状腺疾病、肾上腺皮质激素疾病）。

- 电解质不均衡。

- 子宫积脓。

🐶 狗狗一日所需的饮水量和小便量

▌每天所需的饮水量

体重（kg）	每天所需的 饮水量（mL）	每千克体重所需的 饮水量（mL/kg）
1	140	140
2	232	116
3	312	104
4	385	96
5	453	91
10	752	75
20	1247	62
30	1677	56
40	2068	52

最基本的要数所需的饮水量了。虽然会因为运动或天气等原因产生变化，但以上数据是所需的最少饮水量，希望大家能够参考。

在正常情况下，狗狗每天的小便量是在40～60mL/kg。小便量会随着外部环境的变化而变化。但如果一天小便量超过100mL/kg以上，就要怀疑患病了。

🐶 诊断和治疗

怀疑狗狗多饮、多尿时，首先需要进行小便检查，检测一下尿比重，确认是否患糖尿病。通过基本的血液检查、放射线检查、彩超检查等确认肾脏、肝脏的功能和结构是否有异常，如果有必要的话，还应该检查激素、尿蛋白等。

引起多尿的疾病大部分很难治愈，大多需要终身进行健康管理。需要和兽医商讨检查及日后管理的方法。

如果怀疑患糖尿病，需要通过血液检查及尿检来确诊。确诊之后需要住院，给狗狗用胰岛素，看看血糖是如何变化的，确认胰岛素的使用量。在出院后就需要开始注射胰岛素并进行饮食管理。重点是要严格遵守吃饭时间、吃饭量、胰岛素注射量等。如果管理不当，很容易诱发高血糖或低血糖，危及生命。

 医生的建议

糖尿病

狗狗患糖尿病案例比想象的更多。特别是老年肥胖的狗狗更容易患糖尿病。当某一个时候狗狗忽然喝很多水，排很多尿，而且看起来全身无力，那就需要怀疑是不是患了糖尿病。

糖尿病典型症状如下：

1.吃了饭体重还是下降。

2.喝很多水，小便量大（多饮、多尿）。

3.会引发糖尿病性的白内障。

4.身体状态不好，出现呕吐等消化系统的疾病。

5.会给肝脏、肾脏等内脏带来影响。

肾上腺皮质功能亢进症（库欣综合征）：

所谓肾上腺皮质功能亢进症是指，因肾脏旁边的小器官——肾上腺或调节肾上腺的脑垂体有肿瘤，导致肾上腺皮质分泌过量的类固醇激素引起的疾病。该激素可以作用于身体上的各种器官（皮肤、泌尿系统、心血管等），产生不利影响，还可以诱发各种各样的合并症。该疾病好发于老年犬，也好发于西施犬、卷毛狮子狗、约克郡犬、马尔济斯犬等很有人气的小型犬。

患库欣综合征会出现肥胖（特别是腹部肥胖）、脱毛、皮肤病、食欲增加、多饮、多尿、结石、心脏病等复合型症状，让全身一下子都患病。可以通过基本的血液检查，再加上放射线检查、彩超检查及激素检查等来确认肾上腺的大小，然后让狗狗吃抑制激素的药物，需要终身进行健康管理。虽然很难治愈，但如果一直坚持，症状会缓解，生活质量也会提高。

9
排尿不顺畅
（无尿或尿滴沥）

排尿不顺畅主要有两个原因。膀胱排尿不顺，肾脏没有产出小便。两种病因完全不同，下面分开讲解。

🐶 膀胱排尿问题

主要是尿道或膀胱入口处等小便排出的通道出现了问题。这会引发膀胱扩张、排尿困难（排尿时需要等待很久，还伴有疼痛）、排尿失禁等症状。

▎原因

- 膀胱入口处有肿块或炎症，导致黏膜肥厚。
- 膀胱内有悬浮物。
- 膀胱及尿道有结石。
- 膀胱破裂。
- 尿道闭塞（尿道有肿块或公狗会有前列腺肥大）。
- 尿道畸形（尿道异位）。
- 脊柱神经损伤。

如果持续不能排尿且疼痛严重，会损伤肾脏，所以一旦有症状需要马上去医院。

肾脏不产出尿液

急性肾功能不全会让肾脏不产出尿液。此时身体内毒素堆积，会引发致命后果，需要进行应急处理。

急性肾功能不全的原因

- 中毒（食用汽车防冻液，百合类植物，葡萄和葡萄干）。
- 过量服药（过量服用肾毒性抗生素、消炎药）。
- 肝炎。
- 严重低血压（脱水，热射病，被虫子蜇、被蛇咬后麻痹）。

诊断和治疗

放射线、彩超等影像检查可以确认膀胱、肾脏、尿道的状态，可以看到膀胱内小便的量有多少。通过血液检查可以看到当排尿困难时引起的电解质不均衡，以及肾脏相关数据等。根据病因用精密仪器进行造影检查或CT检查等，然后进行内外科的治疗。重点是无论在什么情况下，排尿不畅大多都是紧急情况，需要抓紧时间去医院进行检查和治疗。

肾功能不全

　　肾脏负责排出我们身体内的代谢物，当肾脏功能出现问题时，就称为肾功能不全。肾功能不全分为忽然发生的急性肾功能不全和缓慢进展的慢性肾功能不全。急性肾功能不全主要是由于中毒、感染、低血压等原因造成肾脏功能快速衰退，很可能忽然让肾脏处于休克状态，所以不产出尿液。肾脏损伤之后，最重要的是需要立即通过输液和药物治疗让肾脏功能最大限度地恢复。如果发病初期没有做好应急处置，很可能危及生命。慢性肾功能不全大多是随着年龄的增长肾脏缓慢恶化，急性肾功能不全在恢复之后也可能会有后遗症。慢性肾功能不全虽然能够产出尿液，但必要成分再吸收及浓缩尿液的功能衰退，大多会出现多尿的症状。肾脏功能持续衰退，代谢物慢慢堆积，就会出现呕吐、腹泻、舌头坏死等尿毒症的症状。慢性肾功能不全通过治疗也不能够治愈，只能尽最大努力延缓病情的进展。

10

眼睛有眼屎、眼睛充血

结膜炎

结膜炎是眼科疾病中最常患的疾病。结膜炎虽然只是结膜受到刺激而被感染，可角膜或葡萄膜等结膜之外的部位也可能伴随出现症状。

结膜炎的原因

- 结膜的刺激。
- 结膜的感染（细菌、寄生虫）。
- 角膜或葡萄膜等结膜之外的疾病。
- 眼泪量不足。

通过眼科检查可以确认角膜、葡萄膜、视网膜等结膜之外的部位是否有问题，如果单单只是结膜的问题，使用眼部清洁剂或眼药水就能够改善症状。

另外，如果有眼虫这种眼部寄生虫，很容易诱发结膜炎，最好翻开眼结膜，确认一下是否有眼虫。如果有眼虫，先将能看到的全部去除掉，再用寄生虫除虫剂和眼药水进行治疗。

眼虫

如果有角膜溃疡、青光眼、葡萄膜炎、眼泪量少等眼科疾病，只治疗结膜炎是不会改善症状的，需要进行精确的检查之后找出根本原因进行治疗。

医生的建议

眼泪量不足（干燥性角结膜炎）

眼泪量不足被称为干燥性角结膜炎。如果眼泪量不足，就会有很多眼屎，结膜也会充血，严重时还会损伤角膜。眼泪量不足的原因主要是制造眼泪的泪腺被破坏了。先检查一下眼泪的量，如果确认不足，就需要用一些能够阻止泪腺被破坏的眼药膏或眼药水进行治疗。该疾病很容易复发，所以需要持续关注。

干燥性角结膜炎导致眼球干燥，还伴有严重的眼屎

11

眼泪过多

眼泪让眼睛周围的毛变成深色

所谓多泪症是指眼泪非正常大量流出的症状。因为眼泪过多，导致眼睛周围散发出味道，偶尔眼睛周围还会红肿，特别是白色的狗狗眼睛周围的毛会变成褐色。

多泪症的原因

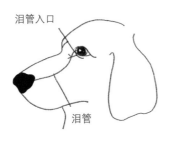

泪管入口

泪管

【泪管示意图】眼皮里面有负责泪水流出的泪管入口，一直连接到鼻子，让眼泪流出

• 眼睛受到刺激（例如，眼皮或眼睫毛刺激了眼角膜，或有异物进入到眼睛中）。

• 泪管（泪水流出的管道）堵塞。

• 有眼部疾病。

多泪症可以通过测量泪水的量确诊，一般通过临床症状（眼睛周围湿、被染色）就可以进行确诊。

治疗根据病因的不同而有所不同。如果有眼科疾病则需要先治疗疾病，症状就会得到改善。眉毛或眼皮中如果有异物，就需要去掉眉毛或进

给狗狗疏通泪管

行眼皮整形，让其不再刺激眼睛，然后去掉异物即可。如果泪管堵塞，则需要手术将泪管打通，但即使打通泪管，也容易再次堵塞。

医生的建议

眼泪是透明的，可是被眼泪浸润的毛为什么会变黑？有什么管理方法吗？

狗狗的眼泪和唾液当中含有卟啉（Porphyin）成分，如果遇到阳光就变成深色。所以当眼泪或唾液长时间沾到毛发上时，就会让毛发染色，特别是白毛狗狗看起来会更加明显。另外，浸润的部位还会有细菌或霉菌，一旦被这些病菌感染，不仅会染色，还会散发恶臭。

为了防止让毛发染色，重点是要找到眼泪量增多的原因并寻求解决方法。在毛发还没有被染色之前，经常给狗狗擦一擦。给狗狗擦拭时，最好用柔软的棉花，每天擦拭2~3次，也可以用眼睛专用清洗剂进行清洗。也有为了要减少泪水的分泌而给狗狗进行切除泪腺手术的情况，或者给狗狗吃一些药物或辅助剂。需要注意的是，这可能会引发后遗症。

12
眼睛变大
（青光眼）

正常

眼房水排出路径

青光眼

眼房水排出障碍

眼房水堆积，眼压升高，视神经和血管被压迫，导致损伤

青光眼示意图

狗狗眼睛变大大多数是因为得了青光眼。狗狗的眼睛看上去很大，像电风扇一样，是因为其中一种叫作眼房水的液体所导致的。如果眼房水的产生与排出方面出了问题，那眼压就会升高。眼压升高了，视神经和视网膜就会被压迫，血液供给就会出现问题，严重时还会出现疼痛或功能异常。如果情况危急或程度严重，还会导致失明。

🐶 青光眼的原因

青光眼大部分是由于眼房水排出障碍所导致的。基因原因、眼睛受外伤、晶状体脱位、眼房水出血或化脓、葡萄膜炎、肿瘤等都会引起青光眼。

🐶 了解早期症状很重要

眼球变大时，说明青光眼已经
进展到相当严重的程度，可能会导
致失明。所以在发现早期症状时，
要马上去医院！

青光眼导致眼球突出

- 眼泪忽然变多。

- 眼屎变多。

- 眼睛变红（结膜严重充血）。

- 眼睛变青（角膜浮肿）。

- 瞳孔变大、对光线没什么反应。

- 忽然愿意睡觉，见人就躲，不喜欢人抚摸它（疼痛）。

🐶 诊断和治疗

- 眼球变大。

诊断青光眼最重要的是测量
眼压。

- 15～25mm Hg

（1mm Hg=133.322Pa）：正常
眼压。

测量眼压

- 25～30mm Hg：轻微眼压上升。

- 40mm Hg：紧急状况需要紧急处置。48小时之内容易导致视力损伤。

如果确认了眼压上升，需要即刻进行注射并用眼药。如果对这种治疗没
有反应，就需要采用外科方法。如果已经失明，还伴有疼痛，那么为了提高
生活质量，建议最好做眼球摘除手术。

13

眼球脱出

由于交通事故或跌打伤而导致眼球脱出的例子有很多。眼睛本身就大的西施犬、巴哥犬、京巴等狗狗只要头部受到一点冲击，眼球就会脱出来，所以需要注意。其他品种的狗狗也会因为头部受到冲击而使得眼球脱出。如果没有受到任何冲击，眼球还是一点一点地向外鼓，可能眼球后面有肿瘤或有炎症。

🐶 眼球脱出时的应急处理方法

用生理盐水浸润棉花放到眼睛上

如果眼球脱出，会很快伤害到角膜，需要立即带狗狗去宠物医院。在去的路上可以通过以下方法减少对眼睛的损伤。

眼窝中的眼球脱出来后，眼睛会立刻变得很干燥。随时使用生理盐水、眼睛清洗剂等，让眼睛不那么干燥。另外，也可以用柔软的棉花沾上生理盐水放到眼睛上，直至到达医院。

🐶 在医院如何进行治疗

如果眼压升高，需要采取措施降低眼压，之后通过手术将眼球恢复到原来的位置。如果因为眼球脱出而导致二次损伤，很容易引发青光眼、晶状体脱出、角膜溃疡、葡萄膜炎、视网膜脱离等严重的眼部疾病。如果眼球损伤严重，无法恢复，建议摘除眼球。

将眼球放到原来的位置，合上眼皮，防止再次脱出

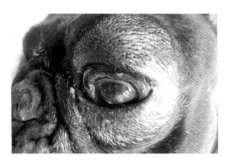

眼球脱出后造成的二次损伤

如果是慢性眼球脱出，可以通过彩超、CT检查确认眼球后方是否有肿瘤和炎症，再进行手术治疗。

如果是外伤导致眼球脱出，会引发严重的眼球损伤，治疗的效果大多也不是很理想。所以预防才是最重要的。特别是西施犬、京巴、巴哥犬这样的眼睛大的品种，绝对不可以打它们的后脑勺。

14
眼珠变白

眼珠变白大多是患了众所周知的白内障。除此之外也可能是患了有类似症状的核硬化。白内障和核硬化虽然看起来差不多，但视力的程度和治疗方法却存在很大的区别。

🐶 白内障和核硬化的区别

	白内障	核硬化
	晶状体或晶状体保护膜混浊（晶状体内的蛋白质变性）	晶状体中央长时间聚集纤维（老龄性变化）
肉眼观察	晶状体全部变白	从晶状体中央部位开始能看出深青色的雾

是否有视力		
	完全阻断光线（视力丧失）	不完全阻断光线（视力尚存）
治疗方法	需要通过手术去除变性的晶状体	不需要治疗
二次损伤	会诱发葡萄膜炎、角膜混浊、结膜充血、晶状体脱出、疼痛等	不会诱发其他损伤

医生的建议

狗狗在接受白内障手术后就完全能看见了吗？

　　有的狗狗在接受白内障手术后依旧没有恢复视力。这是因为除了白内障之外，眼角膜和视神经受到了损伤。在这种情况下，即使变白的部分被去除，视网膜和视神经这些对视力很重要的部分依旧没办法发挥它们的作用，所以视力还是不能恢复。因此，重点是要在进行白内障手术之前，确认视网膜和视神经的功能是否正常。

15

黑眼球变白

角膜溃疡导致黑眼球变白

黑眼球全部变白意味着眼角膜有损伤。如果放任不管，会造成失明，需要尽快诊断和治疗。

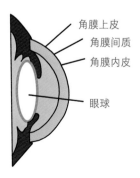 角膜变白的原因

角膜上皮
角膜间质
角膜内皮

眼球

角膜构造示意图

角膜分为上皮、间质、内皮层。在这个结构中，如果有一部分被损伤，就会出现炎症或浮肿，进而变白。

- 角膜溃疡（最主要的原因是外伤）。
- 角膜炎。
- 角膜营养不良、脓肿。

诊断和治疗

　　根据发病原因选择眼药治疗或手术治疗。但如果角膜内皮受到损伤就没有办法治疗了。

　　角膜的皮肤不像其他组织那样，是没有血管的，所以一旦损伤很难恢复。即使是很轻的伤，如果放任不管也会变严重，如果发现角膜有异常，需要马上去宠物医院。

医生的建议

　　所谓角膜溃疡是指，角膜被划伤或有其他伤而引起的溃疡。主要症状表现为因为疼痛而睁不开眼睛，流眼泪，眼屎多，伴随出现结膜炎、结膜充血等症状。另外还总喜欢揉搓眼睛。病因主要有干性角结膜炎、眼睑炎、眼睑内翻进而刺激角膜等眼科疾病；也有角膜有外伤或异物、病毒感染等外部原因。可以通过角膜荧光染色法检查溃疡，如果不严重可以通过眼药治疗，严重的话会导致角膜穿孔，就需要手术治疗了。

通过荧光染色法发现的溃疡部位

16
其他眼部疾病

眼睛睁不开

用狗狗专用眼部清洗液或生理盐水清洗眼部

眼睛睁不开是因为眼睛疼痛。原因主要有结膜炎、角膜溃疡、青光眼、眼内异物等引发眼睛疼痛，大部分都是眼部疾病。不要勉强睁开眼睛，可以使用狗狗专用眼部清洗液或生理盐水清洗，注意不要刺激眼睛（不要使劲涂抹眼睛。如果很难清洗，最好还是去宠物医院）。如果是轻症的结膜炎或者眼睛进了什么东西，清洗之后就会缓解。但如果清洗之后未见改善，或者变得更加严重，那就需要立即去宠物医院了。很可能是患有严重的眼部疾病。

眼睛不会眨

眼睛不会眨是神经性疾病，并非单纯的眼部疾病。脑部、面部神经的损伤会引起这种症状。为了能够准确诊断，需要进行神经系统和脑部MRI检查。但很多情况下病因不明，所以还需格外留意。虽然通过针灸治疗可以刺激神经，进而改善症状，但根据病因的不同，很有可能无法恢复。

🐶 眼睛好像看不见了（走路磕碰、眼睛无神）

总是两眼放空，在平时总走的路上忽然被障碍物磕绊住，这时就需要怀疑视力丧失了。光线通过眼睛进入晶状体，抵达最内侧的视网膜，映出影像。该影像通过视神经传到大脑。在这整个的结构当中，只要有一环出现问题，就容易丧失视力。

▌视力丧失的原因

- 白内障。
- 青光眼。
- 脑部疾病。
- 视网膜脱离等视网膜疾病。
- 视神经的先天性/后天性异常。

需要通过综合性的眼科检查来诊断眼部问题，必要时还可以通过脑部MRI检查确定是否有脑部异常。根据病因采取药物、眼药、手术等治疗方法。但如果是视网膜或视神经的损伤，大部分是不可治疗的。如果有脑部疾病，大部分治疗起来也很困难。

17
耳朵有分泌物，出现异味

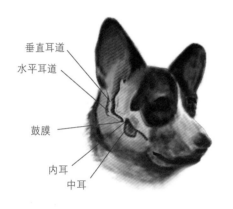

狗狗耳朵的构造和人类不同。狗狗的耳朵是"L"形的构造，是看不到鼓膜的。另外，狗狗的耳朵是被遮盖住的，很多品种的狗狗耳朵上的毛很多，是滋生霉菌或细菌的有益环境。如果持续感染产生分泌物，耳朵内部的皮肤就容易红肿发炎，这就会让狗狗的耳朵出现异味并伴有瘙痒。这种症状被称为"外耳炎"。

垂直耳道

水平耳道

鼓膜

内耳

中耳

耳朵构造示意图

外耳炎的原因

- 感染（细菌、霉菌、耳螨）。

- 过敏，特应症。

- 激素性皮肤疾病。

- 耳道闭塞（息肉等肿瘤性病变）。

检耳镜检查

患了外耳炎，重点是要找出准确的病因。首先检查分泌物，确认是否感染，最好通过检耳镜检查耳道的状态，必要时还可以检查一下是否是由过敏或特应症引发，确认是否有激素性皮肤疾病。

因为肿瘤导致耳道闭塞，炎症加重

通过手术去除耳道内的肿瘤，改善了耳道的换气

根据病因进行治疗，同时还需要治疗改善耳朵的状态。定期清洗耳朵，最好用抗生素、消炎软膏等涂抹耳朵，减少感染。治疗之后还有可能复发，所以在日常生活中一定要注意耳朵的清洁和管理。特别是给狗狗洗澡时，要注意耳朵里面不能进水。

如果治疗之后依旧不能恢复，或者频繁复发，可能是耳朵里面有肿瘤或息肉引起了耳道闭塞，需要通过手术来改善耳朵的换气。

18

耳朵长肿块

耳郭血肿引起耳朵长肿块

这是狗狗患上耳郭血肿所导致的。如果狗狗总是甩耳朵或者挠耳朵，就说明耳朵（耳郭）里面的毛细血管破裂，耳朵软骨之间充满血液渗出物，耳朵就会肿胀。

原因

需要通过体检来确诊。观察耳朵上长的肿块的大小和特征，如果严重需要通过手术去除血肿，让耳朵不再有血液渗出，暂时将耳朵的前后面进行缝合。

手术后复发率很低，也是能够维持耳朵外貌的最好方法。如果肿块不大，可以用注射剂先将渗出物去除，再用绷带或药物进行治疗。

如果放任不管会使症状恶化，耳朵会变形，疼痛会更加剧烈，所以最好尽早接受治疗。

另外，因为这是狗狗总甩耳朵所引起的疾病，所以重点还是要治疗疾病的根源。检查一下狗狗是否有外耳炎，最好将外耳炎一并治疗。

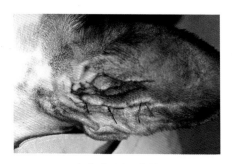

耳郭血肿手术后的样子

 医生的建议

幼犬耳朵起肿块需要格外小心！

1.耳朵偏长的品种（巡回犬、猎鹬犬、短脚猎犬等）。

2.经常患耳部疾病的狗狗。

3.性格开朗，总喜欢挠耳朵、甩耳朵的狗狗。

19

流鼻涕和流鼻血

如果狗狗流鼻涕、流鼻血，鼻子里有渗出物流出，大多说明鼻腔或支气管、肺等呼吸器官出现了问题。

流鼻涕的症状

流很多鼻涕

大多没什么大问题。检测体温、进行听诊，基本的身体检查之后，如果没有什么异常，那就不需要担心了。

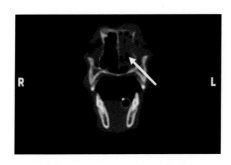

通过CT影像检查确认鼻腔内有肿块

流黄鼻涕，流鼻血

说明有鼻腔、呼吸系统的感染或肿块。需要检查一下是否有咳嗽、咳痰、发热等症状。通过血液检查、放射线检查等确认是否有呼吸系统的疾病。如果怀疑是鼻腔内的疾病，需要对鼻腔内的分泌物进行培养或病理检查，可以采用鼻腔内镜或CT等检查方法。

治疗方法

一般的感染可以采用药物治疗，但如果感染严重或伴随肿块就需要通过手术来清洁鼻腔或支气管，去除肿块。

20
口臭严重

口臭是指口腔内部或外部的其他部位出现问题导致口中的味道不好。

口臭的原因

牙周疾病

这是最常见的原因。因为牙结石或细菌繁殖导致口臭。

口臭严重时，需要通过口腔消毒药及内服药进行治疗，如果牙结石严重，还需要通过洗牙维持干净的口腔状态，之后需要持续进行口腔管理。

其他口腔内部问题

如果有口腔溃疡、口腔肿块、咽炎、扁桃体炎等也会引起口臭。需要进行口腔消毒并找到诱发这些症状的原因后进行治疗。

口腔外部的问题

糖尿病、尿毒症、鼻炎、鼻窦炎、嘴唇褶皱感染、巨食管症、肿瘤等疾病都会引起口臭。重点是需要找到疾病的根源进行治疗。

医生的建议

狗狗的牙周疾病

狗狗牙齿表面有一层齿菌斑薄薄地附着在牙齿上。时间久了，齿菌斑无机质化后会形成牙结石。牙结石中含有数量非常庞大的细菌，如果持续积攒，会诱发牙床的炎症。炎症最开始只是局限在牙龈部位，慢慢就会动摇牙根，形成牙周炎。如果炎症严重，细菌会产生挥发性硫化物，口臭会更加严重。

牙结石及严重的牙周炎

早期如果得到治疗，牙龈可以恢复正常，如果病情变得严重，很可能会保不住牙齿，需要拔牙。

麻醉之后，需要进行全面的口腔检查和牙齿放射线检查，从而判断牙齿的状态。洗牙是清洁牙齿最重要的方法。根据情况可以选择拔牙或服用牙周炎治疗剂、抗生素等药物。

最重要的就是预防。为了减少齿菌斑和牙结石的出现，最好每天都给狗狗刷牙。选择那些对牙龈和牙齿好的牙膏或口腔专用饲料、零食、洁齿棒会对牙齿的健康有所帮助。另外，需要通过定期的口腔检查和洗牙，对牙齿和牙龈进行周期性的清洁，这一点也很重要。

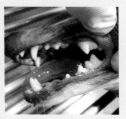
洗牙前后对比

21

口腔出血

原因

舌头受伤、牙齿的损伤、牙龈肿块等都会引起牙龈出血。轻微的损伤导致的出血可以自然止血，但如果出现以下情况，最好马上去宠物医院。

诊断和治疗

持续出血5分钟以上

舌头的主要血管有损伤，口腔内有严重的肿块或有炎症。舌头的主要血管如果受伤，无法自行止血，出血量会很多。如果肿块或炎症严重，也无法自行止血，最好马上去医院。

▎伴随严重的疼痛时

牙龈有肿块或炎症、牙齿有断裂等损伤。

▎本以为血已经止住，可是又出血时

怀疑口腔中的肿块或炎症易出血。虽然止住了血，却有可能再次出血。

22

总流口水

流口水有各种各样的原因。可能是因为口腔的构造，也可能是患有容易引发口腔疼痛的疾病，还有可能在嘴巴活动时流出大量的口水。

原因

狗狗品种的原因

巴哥犬、斗牛犬、圣伯纳犬等品种平时就流很多的口水。这些品种的狗狗口腔大，口水的量也多，本身嘴巴就下垂，所以会留很多口水。大部分不需要治疗，如果严重，可以通过手术让嘴唇的下垂减轻。

对食物的反应

如果看到了美味的食物或者闻到了香味，唾液分泌量就会增多，自然就会流很多口水。有趣的是，还有的幼犬在流口水的同时，还流眼泪。

▌怀疑得了疾病

● 下颚骨折、有肿块、口腔溃疡等引发严重疼痛时。

● 下颚关节异常，下颚肌肉的萎缩或麻痹导致很难正常开口，下颚下垂时。

● 癫痫、痉挛的早期症状、低血糖、状态不好时。

上述症状可能是严重的疾病。如果一直持续，需要马上带狗狗去宠物医院。

23

牙龈肿瘤

口腔的肿瘤大部分是由炎症或刺激引起的良性牙龈肿，但偶尔也会有恶性肿瘤。比起幼犬，老年犬更容易患这种病。需要确认年龄、品种、肿块的大小和特征（长得有多快、是否充血等），有没有其他临床症状等，鉴别和诊断之后再进行治疗。

🐶 良性口腔肿瘤和恶性口腔肿瘤

良性口腔肿瘤	恶性口腔肿瘤
表面光滑 大部分和牙龈同色 长得慢 基本不疼痛	肿瘤小，且持续增长 表面起伏不平，溃疡化 颜色呈黑色，有出血 增长速度快（增长到一定大小就不再增长） 疼痛严重，流很多口水

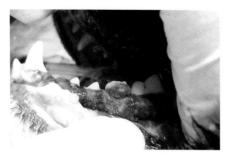

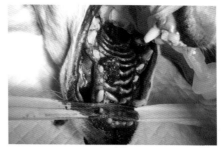

良性口腔肿瘤　　　　　　　　　　　　　恶性口腔肿瘤

　　上述症状是一般性的特征。如果看起来像恶性肿瘤，需要马上检查。偶尔也会有看起来像良性肿瘤的恶性肿瘤，如果不放心可以切除，然后通过病理检查进行确认。

　　如果是口腔肿瘤，良性的对生命没有影响，但切除后很容易复发。恶性肿瘤早期切除治疗效果会比较好，重点是要快速诊断并接受手术。

24
皮肤油腻
（脂溢性皮炎）

脂溢性皮炎导致皮肤发红油腻

如果狗狗的皮肤忽然变油，怀疑患上了感染性皮炎。狗狗的毛发会变得没有光泽且有些僵硬，还会散发异味。

大部分是因为细菌或霉菌引起的感染。通过显微镜和霉菌培养检查等进行诊断，用口服药和药浴进行治疗。

特别是西施犬、巴哥犬等品种很容易因为严重的脂溢性皮炎而饱受痛苦。

如果只是单纯的感染性皮炎，通过一般的治疗就能够有好转，可如果没有任何起色且持续复发，就需要检查一下是否有其他根本性病因。

如果有特应症、过敏，或皮肤有寄生虫，有激素疾病等都会让皮肤的状态恶化，这样治疗的效果就会不明显。所以确认根本的病因与治疗要双管齐下。

皮肤病虽然不会危及生命，但如果放任不管会造成皮肤瘙痒、散发异味，降低生活质量。重点是要在发病初期就马上治疗。需要注意的是，即使治疗好了，也容易再次复发，所以需要一直持续进行皮肤管理。

25
皮屑多且干燥

比起春、夏、秋三个季节，在冬天里更容易产生皮屑。如果狗狗经常洗澡，或者家里环境干燥，就会出现体质性的皮肤干燥。

皮肤干燥的原因

皮肤和毛发干燥稀松的状态

狗狗和人不同，身体是不会出汗的，所以没有必要总是洗澡。如果和人一起生活，就需要稍微洗得勤一点。但如果洗得太频繁，狗狗的皮肤保护层就会变薄，一受刺激，皮肤就会变得干燥，还会产生很多角质。特别是随着季节的变化，干燥会更加严重。如果患有激素分泌异常的全身疾病，那症状会更加恶化。

🐶 皮肤干燥时的对策

● 最好根据皮肤的角质和干燥状态调整洗澡的间隔和次数。如果皮肤干燥严重，减少洗澡次数会有所帮助。

● 洗澡之后要用宠物专用保湿剂充分涂抹。

● 冬天要保证室内一定的湿度，不可以过于干燥。

● 如果是因为全身疾病或体质引起的皮肤干燥，可以给狗狗服用含有Omega-3成分的营养剂。

26
奇痒无比，皮肤发红

狗狗身上痒是皮肤疾病中很常见的一种症状。狗狗皮肤痒时会用脚挠，用嘴咬。狗狗会因为这种行为导致身体受伤，掉毛，皮肤发红。如果受伤严重，会引发更加严重的皮肤病。

严重瘙痒的原因

外部寄生虫感染

如果皮肤感染了疥螨虫、毛囊虫就会引起严重瘙痒。另外，脸部、耳朵、脚部还会伴随出现严重的痂皮，会有发红等皮肤病症状。

被狗虱、跳蚤、虫子叮咬

被狗虱、跳蚤、虫子叮咬时，皮肤会发红，还会伴随严重的瘙痒。此时不会有皮肤病的症状，只会有严重的瘙痒。

特应症、过敏

因为饮食、环境的因素导致过敏时，会伴随瘙痒。诱发过敏的原因各种各样，最具代表性的就是家里的灰尘、虱子，还有饮食过敏等。

皮肤的感染

细菌或霉菌的感染会诱发皮肤发红，也会伴随瘙痒。如果因为其他因素使狗狗用力挠皮肤，还会容易引发二次感染，这一点需要注意。

诊断和治疗

- 首先要观察身体的各个部位，特别是要确认严重瘙痒的部位、发红的部位。
- 确认狗狗是否进行了野外活动，吃了平时没有吃过的东西。
- 如果持续瘙痒，需要通过显微镜、培养检查等方式进行皮肤病检查。如果是怀疑过敏，需要确认过敏源。
- 诊断后根据原因确定治疗方案，一般是通过口服药和药浴等治疗方法缓解瘙痒，防止二次感染。如果确认了过敏的原因，就要重点避免接触过敏源。

27
皮肤出现类似粉刺一样的东西

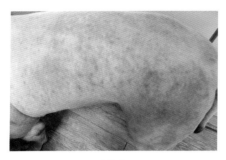

毛囊炎

如果毛囊发炎，就会出现类似粉刺一样的东西。

如果只有一两个，大部分会自己愈合，如果量大并逐渐扩散到其他部位，那就需要检查和治疗了。

大部分都是毛囊一时被细菌所感染而导致，可以用口服药或药用洗发水进行治疗。如果治疗没有效果且越来越严重，可能是皮肤寄生虫、过敏、激素疾病等造成的，最好还是去做一下皮肤检查。

需要注意的是，如果故意挤压或刺激，可能会恶化！

28
掉毛

　　掉毛是人或动物经常出现的现象。这是因为有的毛发到了寿命就会自动脱落，还会有新的毛发长出来。特别是在换季时节或压力过大的时候，掉毛的量就会变多。但掉毛如果呈现出一定的特征或掉毛严重导致皮肤外露，就需要怀疑是疾病了。这种异常的脱毛症状请参考下面的内容。

被怀疑是疾病的掉毛现象

- 掉毛掉得露出皮肤。
- 只是特定的部位掉毛（圆形掉毛，屁股部位掉毛，脖子部位掉毛，对称性掉毛）。
- 掉毛伴随皮肤异常（皮肤油腻，有异味，皮肤变薄或变厚）。

出现上述的掉毛现象时，很可能是疾病引起的。需要马上入院检查。

博美犬出现的各种各样的特发性掉毛

屁股部位的圆形掉毛

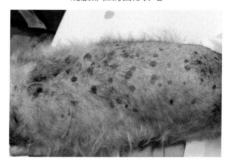

因为激素疾病导致掉毛，全身的毛发已经变得
稀疏

被怀疑是疾病的掉毛

先天原因

例子：毛囊形成不全。

后天原因

- 细菌或霉菌等感染性疾病。

- 皮肤寄生虫或狗虱等外部寄生虫疾病。

- 过敏、特应症。

- 激素疾病（肾上腺皮质激素、甲状腺激素、性激素）。

- 免疫系统疾病。

- 行为学问题（舔的部位掉毛）。

- 怀孕性掉毛。

- 特发性掉毛（原因不明）。

如上所述，掉毛的原因各种各样。但很难通过肉眼判断到底是什么原因所导致。因为原因不同，治疗方法就不同，所以需要进行几项检查来确定病因。通过基本的病例检查，细菌或霉菌培养检查，显微镜检查，过敏测试，激素检查，病理检查等，从最怀疑得的疾病开始逐渐按顺序进行。

通过检查下结论这一过程并不简单。不要一口气把所有的检查都做一遍，要从最基本的检查开始慢慢进行，时间会很久，主人和兽医都得有耐心。另外也会出现各种原因不明的特发性掉毛。

掉毛治疗之前的样子和治疗之后重新长出毛的样子

治疗掉毛最重要的就是通过诊断掌握病因。只有解决了根本原因才能改善掉毛的症状。但要想找出原因得花很久的时间，要注意这期间不要让狗狗感染。

另外，最好使用一些口服药、皮肤营养剂、药用洗发水等来帮助生毛。

虽然病因不同，但只要知道了原因进行对症治疗，大部分狗狗是可以重新长出毛发的。再强调一遍，要想治疗掉毛，必须要进行正确的诊断！

29
皮肤变黑变硬

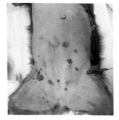

正常出现的皮肤斑点

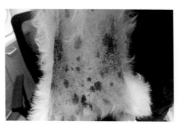

慢性皮炎引起的皮肤斑点

肿瘤引起的皮肤斑点

　　如果皮肤变黑，大部分是因为黑色素的沉积所导致的。就像人会长斑一样，狗狗的皮肤也会沉着色素。最左侧的照片并不是疾病，而是随着年龄的增长，色素逐渐沉着所导致的，这种情况有很多。而像中间照片这种伴随着色素沉着，皮肤变油、散发出异味、掉毛、出现角质和粉刺等症状就可能是皮炎引起的（具体内容参考p.138 "24 皮肤油腻"）。像最右侧的照片那样皮肤有黑色肿块那样的东西，考虑长肿瘤的可能性较大（具体内容参考p.153 "31 身体长了肿块"）。如果怀疑患了皮炎或肿瘤，需要抓紧时间检查。

30

经常舔脚

"医生，我家狗狗总是喜欢舔脚，怎么办啊？"

我当了兽医之后，经常听到这种问题。养狗狗的过程中，没有什么比维持脚部健康更困难的了。这句话也意味着脚出现的问题是最多的。

舔脚是每一只狗狗都会做的事，如果只是单纯地舔一舔是没有什么问题的。重点是频率是多少，是否舔得严重。很多幼犬一直持续不断在舔自己的脚，让人看起来以为狗狗是在用口水给自己洗脚，然后去吃它一样。像这种接近于疯狂的舔脚现象，大体上可以分为心理原因和健康原因两种。

心理原因导致的舔脚行为已经成为习惯，如果狗狗有压力，就会出现这个行为。就像人类有的时候去咬手指甲一样。

如果是健康的原因，主要是因为脚上长了湿疹、肿块，或者受伤，扎进了异物等。

不管是什么原因，如果放任狗狗去舔脚，就会导致脚被感染、起肿块等，所以可能的话，还是需要给狗狗矫正这一问题。

🐶 如果舔脚严重，注意要确认以下事项

严重的趾间炎导致脚垫红肿

- 脚趾之间的皮肤是否红肿?
- 脚垫是否脱落或受伤?
- 脚部是否长出肿块?
- 脚趾甲是不是过长或被折断?

如果没有出现上述情况，那很幸运，不需要马上进行治疗。但如果持续舔脚，就需要去宠物医院了，防止情况变得更糟。

 医生的建议

给狗狗戴上伊丽莎白圈!

阻止狗狗舔脚有各种各样的方法，从经验上看，最有效的办法就是给狗狗戴上伊丽莎白圈了。有的方法称，每次在狗狗舔的时候就大声呵斥它，还有的说要给狗狗的脚上涂抹苦味的软膏，让狗狗不去舔，这些都有一定的效果。但我们不能总在狗狗身边，只要一放松监视，有的狗狗又会跑到角落里去舔。当我们没有办法一直在狗狗身边训练它们的时候，最好给狗狗戴上伊丽莎白圈。这个方法能够强制狗狗的嘴巴无法接触到脚，虽然会让狗狗感受到压力，但这是阻止狗

戴伊丽莎白圈的狗狗

狗舔脚的最好方法。如果狗狗适应了戴伊丽莎白圈，就会减少舔脚的频率，慢慢地摘下伊丽莎白圈，随着时间的推移，这个行为也就得到纠正了。

事实上，这个方法也很难完全纠正狗狗舔脚的习惯。"舔"本身就是狗狗本能的一种行为，不能完全去除掉。但舔得太严重时我们去纠正狗狗，可以有利于恢复脚部的健康，减少舔脚的频率。

另外，如果有上述确认事项中的情形，需要马上去宠物医院做检查。如果狗狗患上了最常见的趾间炎，就需要对脚部彻底的消毒，使用抗生素、抗真菌剂等进行抗感染治疗。如果有其他伤口或肿物，也需要对症治疗。脚部周围是很容易被感染的，问题也容易变严重。治疗过程当中不可以去舔。如果此时去舔，可谓是"竹篮打水一场空"了。还是得给狗狗戴上伊丽莎白圈，让狗狗彻底舔不到脚才好。

　　舔脚这一行为很容易让脚部的湿疹复发。特别是在夏天潮湿的环境下更容易复发，所以一定要经常检查。

31
身体长了肿块

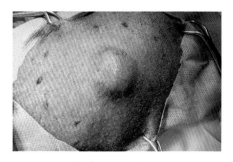

皮肤上发现的肿块

随着狗狗年龄的增长，身体很容易长肿块。平时在看电视的时候摸着狗狗，摸着摸着就忽然发现，"哎？这是什么？怎么长了个东西？"皮肤上长的肿块大部分是良性的脂肪瘤，没有必要担心。但良性和恶性的皮肤肿块用肉眼很难区分，即使是恶性肿瘤，在病情进展到一定程度之前，大部分都没有很明显的临床症状。所以一旦发现，需要持续观察。

观察时注意要确认以下事项！

皮肤恶性肿瘤的一般特征

- 快速变大（没过几天或几周，就有明显增大）。
- 其他部位也长。
- 出现红肿。

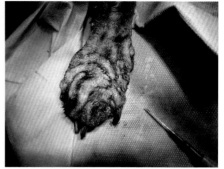

皮肤的恶性肿瘤去除前、后的样子

- 溃疡、化脓。
- 发热。
- 疼痛（狗狗一直舔肿块的部位）。

上述情况是恶性肿瘤的一般特征。如果出现对应情况，应该立刻去宠物医院检查。通过细胞检查或病理检查，能够确认肿瘤是恶性的还是良性的。

如果是恶性肿瘤，转移或复发的概率很高，需要马上手术。在外科手术完全切除之后，生活质量会提高，生命也会延长。必要时，也可以通过抗癌治疗延长生命。

如果是良性肿瘤，没有必要马上手术。但如果肿瘤变大，会压迫周围的肌肉或神经，可能会引发疼痛和跛行，还是建议切除。也有很小的概率转为恶性，所以考虑到狗狗的身体状态，还是选择在适当的时机进行切除为好。

32

走路一瘸一拐和抬腿走路

狗狗本来走路走得好好的,可是忽然抬起腿走路了?

这种情况很常见。某一天,狗狗的一只腿忽然就不敢碰地,走路一瘸一拐了。这种抬腿走路或一瘸一拐走路被称为"跛行"。让我们了解一下狗狗跛行。

跛行在狗狗的前脚和后脚都会出现,有的是一时的,有的是长期的。主要是发生在一侧,当然也有两侧都出现的情况。通过跛行的部位、症状,跛行的时间、状态、程度等可以推测出跛行的原因。

后腿跛行——后腿抬起走路,一瘸一拐

膝盖骨脱臼

是小型犬多发的疾病之一。即便是说马尔济斯犬、博美犬、卷毛狮子狗等人气很高的小型犬大部分都有这个病,都一点也不夸张。

正常膝盖骨（左）、脱臼的膝盖骨（右）

膝盖骨脱臼是指膝盖中间鹅卵石状的膝盖骨掉到膝盖内侧或外侧的一种疾病。大部分小型犬的膝盖骨都会掉到膝盖内侧，刺激软骨，引发关节炎和疼痛。严重时会引起骨头变形。

从症状方面来看，平时问题不大，但膝盖骨掉落就会导致疼痛严重，抬腿走路。大部分都只是一时跛行，然后就会恢复正常，之后再次跛行，就这样反反复复。还有的狗狗即使病情已经很严重了，但也不会出现任何症状，这并不是不要紧，而是狗狗很能忍受疼痛。如果确诊膝盖骨脱臼到中度以上，就需要马上进行矫正。如果脱臼过久，引发骨头变形，狗狗的腿就会弯曲，像一条坐着的蛇一样，走路变得很艰难。

可以通过触诊和放射线检查来确诊。如果膝盖骨脱臼不严重，可以使用关节辅助剂或镇痛消炎剂进行治疗。但如果是中度以上就必须手术了。如果放任不管，就会一直磨损膝盖软骨，只能通过手术让膝盖骨不要掉落。只有如此，才能最大限度延缓关节炎的进展。

需要注意的是要给狗狗进行体重管理。不仅仅是膝盖骨脱臼，对于所有的外科疾病来说，肥胖都是毒药。如果狗狗肥胖，对所有的骨头和关节来说都是负担。

膝盖骨脱臼是有可能复发的，实际上，通过手术矫正好之后，复发的概率也有5%～10%。复发的原因有很多。之前为固定膝盖骨而切掉的骨头又重新长出，随着年龄的增长膝盖骨的韧带变松等。即使复发，也没有必要无条件地再次动手术。复发时如果没有比手术前严重，那就不会有太大问题。关于手术的方法和复发相关事宜，一定要在手术前向兽医进行了解。

? 举手提问！

Q. 平时没什么问题，今天在宠物医院诊断为膝盖骨严重脱臼。可是狗狗几乎没有症状，需要手术吗？

A.如果脱臼严重需要手术。就像前面说过的那样，有很多狗狗即使膝盖骨严重脱臼，但依旧看不出任何症状。这并不意味着狗狗没事，而是狗狗可以忍受现阶段的疼痛。但如果脱臼严重，膝盖的软骨持续受伤，那关节炎就会更加严重，所以即使现在看起来没什么，可年龄大了就会严重跛行。所以即使现在没有症状，如果通过触诊和放射线检查被确诊为脱臼，还是需要进行矫正的。

Q. 我家狗狗不久之前被确诊为膝盖骨脱臼。现在还不到两岁，什么时候手术为好呢？

A.膝盖骨脱臼手术越早做越好。越推迟，狗狗的膝盖软骨就会越损伤。如果膝盖软骨被损伤，即使手术做得好，也会加快关节炎的进展，所以可能的话，在软骨损伤之前就做手术。虽然建议尽快做手术，但还是要根据狗狗的身体状态、生长板愈合状态等因素调整手术时间，在手术之前需要充分进行讨论。

髋关节疾病

指狗狗出现髋关节发育不良、髋关节脱臼、髋关节缺血性坏死等问题。虽然多发生于小型犬，但也会发生于寻回犬等大型犬。

所谓髋关节就是指屁股的关节。股骨头插在骨盆上，可以让后腿与身体相连的部分就是髋关节。

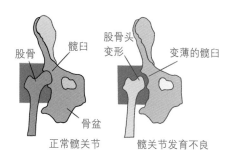

髋关节疾病示意图

髋关节出现问题后，只要体重增加，就会出现疼痛。因此会导致狗狗走路困难，坐立困难，走一痛，腿部无力，走路一瘸一拐等症状。一侧或两侧的腿都会出现这些症状。

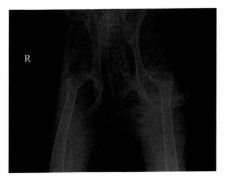
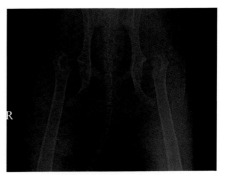

股关节脱臼的放射线影像　　　　　去除股骨头手术后的放射线影像

通过临床症状和放射线检查可以进行诊断。如果病情不严重，可以通过关节辅助剂和镇痛消炎剂进行缓解，但靠这种药物治疗是不可能治愈的。如果疼痛严重或出现跛行，就需要通过手术摘除导致疼痛的根源——股骨头。即使摘除了股骨头，小型犬借助周围软组织的力量几乎也可以正常行走。但对于体重很重的大型犬来说，即使消除了疼痛，但也可能会留下跛行的后遗症，因为软组织的力量很难承受其体重。因此在大型犬手术前需要对手术方法进行充分的商议。

▎太瘦太胖都不好

做完摘除股骨头手术之后，股骨和骨盆之间就形成了假关节。所谓假关节，不是指连接骨头与骨头的关节，而是指借助周围软组织的力量连接的关节。因为小型犬可以通过假关节承受自身体重，所以即使摘除了股骨头，大部分也可以正常行走。但如果太瘦，髋关节周围的软组织就会很弱，造成假关节也变弱，腿部行走就会不稳，来回摇晃。如果狗狗过胖，就要承受过重的体重，假关节没有办法承担这些重量，就会导致跛行。所以体重管理需要一直注意！

▌前十字韧带破裂

小型犬、大型犬都会发生。特别是忽然从高处跳下，或跑着跑着后腿被绊住等导致的外伤都会引发该疾病。前十字韧带是连接位于膝盖内的股骨（大腿根的骨头）和胫骨（小腿骨）的韧带。如果这个韧带破裂，两根骨头就没有办法连接，走路时胫骨就会出现移位，引发疼痛。脚步着地的时候也会疼痛，导致狗狗不敢踩地，只能抬腿走路。随着时间的推移，可能疼痛会缓解，可以走路，但胫骨会一直处于移位的状态，导致引发关节炎或软骨损伤。

虽然可以通过触诊和放射线检查进行诊断，但病情不同，诊断也可能会出现偏差。这种情况下用肉眼确认是最保险的。治疗是为了让腿不出现移位的现象。最常见的办法是先将断裂的韧带清理干净，采用可以代替韧带作用的植入韧带。严重的话也可以通过骨切开术进行矫正。根据韧带的破裂程度、骨头的样子来选择不同的方法，手术之前需要和兽医进行充分商谈。

再强调一遍体重管理！十字韧带破裂是必须要通过手术来矫正的。如果不矫正就会持续跛行并且让关节炎变得更加严重。但术后还要根据软骨是否有损伤、植入韧带是否有变位等因素来判断是否会复发或出现后遗症。这些问题手术前需要和兽医进行充分商谈。

 前腿跛行——前腿抬起走路，一瘸一拐

▌肩关节脱臼

肩关节脱臼经常发生于小型犬。主要因为肩关节先天畸形或有外伤导致肩关节的韧带破裂。

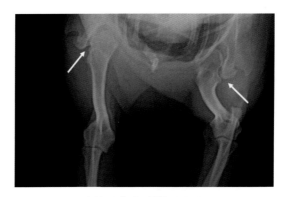

两侧肩关节脱臼的放射线影像

根据疾病程度，会出现从前脚跛行，到干脆抬腿走路等各种各样的症状。

通过触诊和放射线检查进行诊断，根据脱臼的程度和时间，通过将脱臼的骨头复位或手术的方式进行矫正。

需要注意的是，如果通过非手术治疗将骨头复位，很容易复发。如果复发就需要手术矫正了。如果有骨头畸形或韧带严重损伤的情况，即便手术矫正也有可能复发。如果反复复发，就需要将关节永久矫正。

肘关节疾病

肘关节是指前脚的肘部。是连接肱骨、桡骨、尺骨的部位，如果骨骼愈合不全或软骨掉落也会引起疼痛或关节炎。

症状根据病情程度会出现前腿跛行或干脆抬腿走路。通过触诊和放射线检查进行诊断。如果放射线检查无法确诊，还需要进行CT或关节镜检查。要想治疗就必须手术。通过手术将愈合不全的骨头捏合，将掉落的软骨去除。

肘关节的疾病有可能无法通过放射线检查出来。特别是小型犬的病变很小，可能无法通过放射线进行观察。

除此之外还会出现因四肢骨折、脚踝关节疾病、肿块、肌肉疾病等导致的跛行。

如果狗狗出现跛行，只需记住以下几点!

1.跛行大部分是骨头、关节、韧带、肌肉等外科疾病。

2.通过触诊和放射线检查进行诊断。

3.大部分建议手术矫正。

4.平时需要管理体重。

33

拖着腿走路和走路跛蹉

后腿麻痹导致拖着腿行走

狗狗拖着腿走路，像醉酒的人一样走路东倒西歪、摇摇晃晃吗？这和狗狗抬腿走路完全不是一个症状。狗狗腿不敢着地大部分是因为疼痛所引起的，而拖着腿走路、无力瘫坐、走路摇晃大部分是因为神经或神经支配的肌肉出现了问题。

疾病初期主要表现为无力、瘫坐、站起来时摇晃，随着病情的发展会走路跛蹉，严重的时候会导致麻痹。

下面我们来看看各个麻痹部位的代表性疾病。

后腿走路跛蹉，后肢麻痹

┃胸腰椎间盘脱出

这是后腿麻痹的最常见原因。也是小型犬神经系统疾病当中最经常出现的。有的人会认为"四只脚的动物怎么会有椎间盘脱出呢？"这是非常错误的想法。虽然狗狗没有办法直立行走，但腰部的运动很频繁，而且有的品种腰椎软骨很容易变形或破裂，所以椎间盘脱出疾病的发病率很高。

所谓椎间盘是指脊椎和脊椎之间的软骨。正常的椎间盘70%以上都是由水分构成的，是流动性的，吸收冲击的能力很强。如果椎间盘变形或破裂，那么脊椎就会脱出，其他脊椎就会受到压迫，这就是患上了所谓的"椎间盘脱出症"。根据脊椎被压迫的程度，会出现轻度的腰疼，不喜欢活动等症状，严重时会导致麻痹。

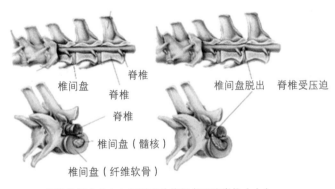

正常椎间盘（左）和脱出的椎间盘压迫脊椎（右）

易患椎间盘脱出的狗狗品种中，腊肠犬最为常见。查阅已经发表的论文可以看到，腊肠犬的椎间盘脱出发病率非常高。因为腊肠犬的腰比较长，还很爱活动，软骨特别容易变形。除此之外，京巴、西施犬、可卡犬等也很容易患该病，需要特别小心。

易患椎间盘脱出的狗狗品种中，2~4岁的幼犬更容易患该病，因为这些幼犬的椎间盘软骨会很快变形。其他品种的狗狗中，一般8岁以上的老龄犬更容易患该病。偶尔也会有不容易患该病的狗狗品种在小时候患上该病，所以不能够掉以轻心。

胸腰椎间盘脱出的症状一般分为1~5个阶段。

第一阶段——脊背疼痛。不想活动，抚摸时会发出惨叫声。

第二阶段——后腿跛行。步行时总拖着腿。

第三阶段——后腿完全麻痹。后腿完全不能使用，拖着腿。

第四阶段——后腿完全麻痹，排尿困难。除了后腿麻痹之外，几乎不小便，或有尿滴沥。

第五阶段——后腿完全麻痹，排尿困难，疼痛反射消失。在第四阶段的基础上，后肢的疼痛反射消失。

刚发现椎间盘脱出时，治疗简单，效果好。如果发现晚了，就只能通过手术治疗。即便手术，大部分的效果也不一定好。如果发现狗狗的病情处于第一、第二阶段，需要马上带狗狗去检查。

需要进行MRI影像检查。如果处于症状不严重的病情初期，可以先对症吃药或热敷治疗。如果是处于完全麻痹的第三阶段或以上阶段，需要通过MRI影像进行确诊，根据病情可能要进行手术。

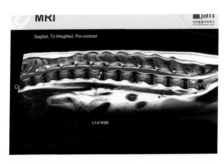

一般的治疗方法分为药物治疗、针灸治疗等传统方法，热敷等物理治疗方法，以及直接去除椎间盘的手术或激光、臭氧等侵入疗法。需要根据疾病的程度、发病时间等和兽医进行商谈，并确定诊断和治疗的方法。

椎间盘脱出狗狗的MRI影像，可以看到脱出的椎间盘压迫了脊柱

椎间盘脱出的狗狗在进行针灸治疗

通过手术去除已经脱出的椎间盘

用侵入疗法（臭氧治疗法）治疗椎间盘

注意事项：

——减少活动！

椎间盘容易移动，如果活动剧烈可能会破裂得更严重，引起脱出。特别是在接受药物治疗阶段的幼犬病情很容易恶化。这是因为当狗狗吃了镇痛剂，疼痛减轻之后，又活泼好动了，导致过度使用腰部。因此，在椎间盘的治疗过程中，重点是要减少过度活动，至少坚持一个月。绝对不能在床上和沙发上跳上跳下，也不能做一些像上下台阶等容易让腰部受损的运动！运动仅限于轻松的散步和在平地上走路。

——体重管理！

如果狗狗体重增加，就会给腰部带来更大的负担。椎间盘也是一样，如果承受的力量太大是没有益处的。可以通过在平地上行走，吃低热量的食物等避免体重的增加。

——小心复发！

脱出的椎间盘是不会回去的。要么就是维持当前的状态，要么就是更加严重。通过手术可以将脱出的椎间盘完全去除，复发的可能性较低，而药物治疗时，脱出的椎间盘就原封不动地在那，所以复发的可能性很高。进行药物治疗时，如果复发或比以前更加严重，就需要考虑手术了。

其他胸腰椎或脊髓疾病

椎间盘脱出是最主要的原因，但也会有引发后腿麻痹的其他脊髓或脊椎疾病。譬如胸腰椎、脊椎的骨折或畸形，脊髓肿瘤或炎症，脊髓损伤、脊髓栓塞症等。可以通过MRI、脑脊髓液检查进行诊断，根据病因选择药物或手术治疗。

🐕 四肢跛跛、麻痹

狗狗四条腿都走路跛跛，出现麻痹症状的时候，很可能是颈部、头部、肌肉等全身疾病。

▍颈椎间盘脱出

颈部疾病中患的最多的就是颈椎间盘脱出。和腰部一样，颈部也是好发椎间盘脱出的部分，如果患上颈椎间盘脱出，四肢都会受到影响。

大部分表现为脖子严重疼痛。脖子不敢动，脖子一抬就会出现疼痛，只能低着头走路。病情严重时，会出现四肢跛跛、麻痹等症状。

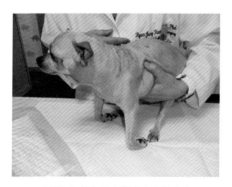
颈椎间盘脱出导致前肢麻痹的狗狗

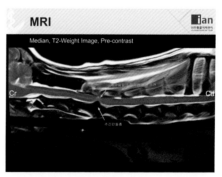
颈椎间盘脱出狗狗的MRI影像，可以看到颈椎间盘脱出造成脊髓被压迫

▍其他颈椎或颈椎脊髓疾病发病率

胸腰椎容易出现的疾病在颈椎脊髓中也容易出现。需要通过MRI影像检查、脑脊髓液检查进行诊断。

脑部疾病

大脑是掌管身体平衡的控制塔。如果大脑出现问题，肌肉或步行能力都会出现问题。尤其患脑部疾病后，除了行走异常，还会伴随痉挛、意识不清、丧失平衡等其他的神经症状。脑脊髓炎、麻疹、后颅骨异形、脑痴呆症等畸形、脑肿瘤疾病都是诱发原因，通过MRI影像和脑脊髓液检查可以诊断。根据病因选择药物或手术治疗。

脑部疾病导致无法起身的狗狗

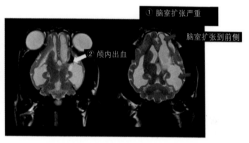

患有脑部疾病狗狗的MRI影像

肌肉的疾病（多发性肌炎、多发性末梢神经炎、重症肌无力）

肌肉炎症或控制肌肉的末梢神经炎、重症肌无力等疾病都会让肌肉变得虚弱。大部分会出现原因不明或自主神经系统异常等症状。通过MRI影像检查进行其他神经系统诊断和鉴别之后，再进行肌电图，肌肉、神经活体病理检查等更加精密的检查。虽然这类疾病很少发生，但诊断和治疗比较困难，需要和专业的兽医进行商谈。

甲状腺机能低下症

甲状腺机能低下会引发四肢虚弱、麻痹等症状。甲状腺机能低下如果伴

甲状腺机能低下的狗狗出现的掉毛现象

随其他症状（无力、掉毛、贫血、肥胖）等，需要检查一下甲状腺素的数值。甲状腺机能低下时，可以吃一些甲状腺素，症状就会缓解。

▌感染性疾病（狗虱感染，肉毒菌）

感染了狗虱或肉毒菌，会出现四肢无力、麻痹等症状。在室外的草丛、土、腐烂的肉上很容易被感染，所以生活在室内的狗狗或居住在城市里的狗狗感染率很低。因此其他疾病全部筛查之后，可以进行这方面的检查。看看有没有室外生活感染的途径，可以测一下血清中抗体和毒素。比起治疗，预防更加重要。

要一直给狗狗擦狗虱预防药，重点是不要让狗狗接触脏的土和被污染的肉。

🐶 一只腿拖着走或一只腿麻痹

左腿麻痹导致拖着腿走路

如果只有一侧的腿麻痹，大部分是对应的神经有损伤。主要是由于外伤导致末梢神经的损伤所致。前腿腋窝部位的损伤，后腿骨盆骨折引发的坐骨神经的损伤都是代表性的例子。

末梢神经的损伤无法通过MRI影像检查进行诊断，所以很难确诊。

需要查一下是否有过外伤的经历，通过肉眼观察和神经检查进行推测。如果末梢神经有肿块或脊髓受到了局部损伤（椎间盘向一侧偏突，导致脊髓的一部分受到了损伤）就会发生一侧腿部麻痹，此时可以通过MRI影像检查进行诊断。

末梢神经是无法通过药物治疗进行恢复的，只能通过刺激神经的针灸治疗、热敷、物理治疗等方法帮助恢复。能否恢复还要看损伤的程度。小的冲击及压迫是可以恢复的，但如果完全破裂或严重损伤，永远也不可能恢复。

34
头部倾斜和总向一侧转

向右歪头的斜颈狗狗

头部向一侧倾斜被称为"斜颈"，向一侧频频转圈被称为"旋回症（Circling）"。狗狗头部倾斜或兴奋地转圈摇尾巴虽然是个很可爱的行为，可是如果这种行为持续太久，很可能是一种病态。这种症状会打破身体平衡。身体平衡被打破，耳朵就会出现问题，还会出现大脑、小脑等头部问题。

 原因

▎耳朵出现问题

耳朵最内侧有一个叫作"鼓室"的空间。连接这个鼓室的，就是负责听力和听觉神经以及维持身体平衡的内耳神经。如果耳病一直持续，鼓室就会出现炎症或分泌物，导致中耳炎。这就会损伤内耳神经，无法维持身体平

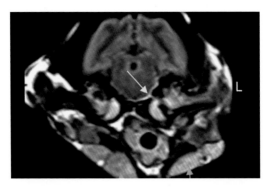

鼓室炎症导致邻近的脑膜也出现炎症（黄色箭头）

衡。此时，就会出现斜颈、走路踉跄等症状。

头部出现问题

大脑或小脑出现问题就会有这种现象。大脑积水、脑肿瘤、脑炎等都会对大脑产生影响，小脑压迫、小脑脱出等也会让小脑出问题。特别是小脑出问题时，会出现肌肉抖动、无法衡量距离（例如，无法维持步行间距，无法认知玩具和食物的距离）等其他症状。

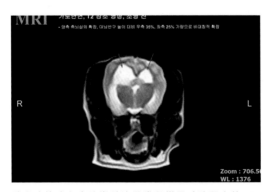

脑室（箭头）中脑脊髓液异常积攒导致脑积水的MRI影像

狗狗年龄大（特发性）

有时会因为狗狗年龄大引起特发性前庭异常。和斜颈一样，也会由于头晕导致呕吐等症状，在检查中很难找出明确病因。这种情况大部分会随着时间的推移而缓解。

其他原因

代谢性疾病或营养素（维生素B_1）缺乏等也会出现此症状。

诊断和治疗

可以通过MRI影像检查进行确诊。通过MRI影像检查和脑脊髓液检查可以判断大脑、小脑、鼓室是否有异常。也很有必要通过血液检查来确认是否有其他的全身性疾病。另外，也需要确认是否缺乏营养。

诊断结果出来后，主要通过药物进行治疗。也需要根据病因选择一些外科治疗。特别是鼓室出现问题导致中耳炎或内耳炎时，需要通过手术将鼓室清理干净。如果是原因不明的前庭异常，则需要通过抗氧化剂等辅助剂进行管理和监测。

35

癫痫

就像人会出现癫痫等症状一样，狗狗也会出现癫痫。这和狗狗的年龄没有关系，如果出现类似症状，短则几秒，长则持续几分钟。也有只出现一次而后就症状消失的情况，还有周期性反复的情况。

癫痫主要是脑部肿瘤、脑炎等脑部异常所导致的。但也有原因不明的特发性癫痫。通过MRI影像和脑脊髓液检查，可以先确认脑部有什么样的问题，如果找到病因，就需要进行内外科的对症治疗。如果是原因不明的癫痫，就需要先给狗狗吃镇静药，让它先镇定下来，看看癫痫症状会不会停止。如果狗狗周期性反复发作，需要调节一下镇静药的量，并长期服用。

如果持续发作几分钟以上，会危及生命。需要熟练掌握以下的注意事项，以便当狗狗发作的时候可以进行应对。

癫痫发作时这样做

确认有没有先兆症状

癫痫的先兆症状有流口水、发呆、瞳孔晃动、严重的肌肉颤抖等。如果持续出现这种症状，最好不要让狗狗兴奋，而要让它镇定下来。如果这些先兆症状持续10分钟以上，或短时间内反复发作3次以上，需要联系兽医之后马上送到宠物医院。

让狗狗镇定下来的方法

如果狗狗开始发作，首先得让狗狗镇定下来。带狗狗去凉快且氛围轻松的环境中，不要让狗狗因为磕碰再受到其他的伤害。绝对不要去抱住狗狗。抱住狗狗会让狗狗更加兴奋，严重发作时会掉落导致外伤。

如果从宠物医院开了应急使用的镇静药，可以直接塞到狗狗的直肠当中（如果药物能够直接塞入直肠），或者是在发作结束后，再给狗狗喂到口中。在狗狗发作期间绝对不能喂任何水、食物、药物等。因为狗狗自己吞咽的能力会显著下降，很容易呛到支气管中。

癫痫结束后

狗狗癫痫结束后，不要刺激狗狗让它兴奋。如果狗狗癫痫发作一次并未结束，那就在第二次发作结束之后联系兽医，将狗狗送到宠物医院。

36

昏厥

宠物有时会突然失去意识、四肢僵硬、昏厥倒地。可能没有任何原因就这样了，也可能是过于兴奋所致。最主要的病因是心脏的异常。心脏病是可以导致猝死的，是很危险的疾病，所以如果狗狗出现昏厥，需要马上去检查。

昏厥的原因

心脏疾病

心脏疾病是导致昏厥最常见的原因。心脏的瓣膜异常、感染犬恶丝虫、肺高压、心律不齐等心血管疾病都会引起昏厥。心脏病导致的昏厥会伴随舌头或口腔黏膜发青、呼吸困难等症状。如果不治疗，很容易出现紧急情况，所以首先要确认的就是心脏是否有异常。

▌低血糖

　　幼犬会出现这个症状。幼犬只要有一点点饥饿，就很容易低血糖。最好给幼犬每天吃4～5次的饲料。如果患上胰腺癌或肝癌等肿瘤疾病，也会因为胰岛素过量分泌导致低血糖。另外，每天注射胰岛素，患糖尿病的狗狗也会发生低血糖。这些狗狗如果有昏厥的症状，首先需要检查血糖，时刻准备好处置。

　　肾上腺皮质功能低下（Addison's disease）的狗狗很容易因为低血糖引起昏厥。只要定期进行检查用药，可以缓解并预防症状。

 医生的建议

低血糖的家庭处置法！

　　由于低血糖导致昏厥时，最好的办法就是赶紧带狗狗去宠物医院测量血糖并输液。如果情况不允许，可以在家给狗狗喂浓糖水或蜂蜜。但此时狗狗吞咽的能力会显著下降，最好用糖水给狗狗润润舌头。如果勉强狗狗喝下大量的糖水，会伤害到狗狗的支气管，诱发肺炎的风险。

肾上腺皮质功能低下是什么？

　　狗狗的激素疾病中最常见的就是肾上腺激素异常。肾上腺外侧的皮质会有促进皮质醇分泌的糖皮质激素、性激素、调节电解质的盐皮质激素等激素。肾上腺皮质如果受到损害，导致激素不足，就会造成低血糖、食欲不振、身体发抖、呕吐、无力等症状。通过血液检查，可以知道电解质是否不均衡。上述的症状是狗狗身体不舒服的时候经常出现的症状，初发时并不是很要紧，大部分是通过输液进行处置的。处置之后症状就会有所好转。但这只是一时的缓解，之后还会出现类似的症状。如果通过普通处置依旧持续出现症状，那就一定要进行检查。通过血液检查、肾上腺素检查等可以进行判断。诊断之后需要持续给狗狗服药并进行健康管理。

发作性嗜睡症（Narcolepsy，Cataplexy）

虽然这种疾病很罕见，但狗狗也会出现这个症状。和人类一样，狗狗也会突然出现嗜睡（Narcolepsy），没有精神，肌肉麻痹导致跌倒（Cataplexy）等症状。虽然病因不明，但可以推测是神经传达激素或免疫系统的疾病所引起。另外，卷毛狮子狗、腊肠犬、拉布拉多寻回犬等品种可能是因为基因导致的。原因不明且诊断困难，所以也没有什么显著的治疗方法。

诊断和治疗

1.需要先确认是否患有心脏疾病。通过听诊、放射线、彩超等手段检查心脏功能，通过样本检查的方式可以确认狗狗是否有犬恶丝虫。

2.通过基本的血液检查和血糖检查确认是否有低血糖、肾上腺皮质功能低下等代谢性疾病。

3.如果经过1、2的检查，并没有什么异样，就需要持续观察并判断是否有发作性嗜睡症。

4.根据病因进行治疗。但神经问题导致的嗜睡症是无法治疗的。

37
喘气频繁或喘不上气

狗狗喘气频繁大体上有3个原因。

1.为了降低体温。

2.过于兴奋。

3.呼吸困难。

1、2的出现是由于狗狗的性格和环境所导致的，也可能是正常的现象。3的出现可能是因为呼吸系统或循环系统出现了问题。如果狗狗特别频繁地喘气，也可能是因为年龄大了，怀疑是老年病。

喘气频繁的原因

┃太热

狗狗若要散热，只能通过口腔和脚垫。在炎热的夏天运动过后体温会上升，为了散热就只能拼命喘气。这是正常的现象。

兴奋

敏感或过分的兴奋等心理上的原因也会导致这一现象。

太胖

肥胖的狗狗很容易频繁喘气、呼吸困难。

患病

- 心脏病——犬恶丝虫等问题。
- 支气管、肺等呼吸系统疾病——支气管塌陷、炎症、肺炎、肺水肿、肺出血、肿瘤等问题。
- 短头犬综合征——短头的狗狗鼻孔变窄、软腭延长等问题。
- 胸腔疾病——气胸、血胸、胸腔外伤等问题。
- 鼻子疾病——鼻腔炎症、肿瘤等原因导致鼻子呼吸困难等问题。
- 疼痛——出现疼痛时。

因为呼吸困难导致喘气频繁可能是患有发绀病，即使安静地躺着也会持续频繁喘息。如果喘息严重，可能会因体内氧气供给不足导致低氧血症、休克等，需要尽快找到原因。应给狗狗进行基础的体检、听诊、放射线检查等，必要时根据病因进行更加精密的检查并进行对症治疗。

38

咳嗽严重

咳嗽严重是呼吸系统出现问题的信号。一时的咳嗽可能是因为刺激所导致的，但如果程度严重并持续很久，那可能就是肺部等呼吸系统的疾病了。呼吸系统疾病，特别是肺部如果急性发病很容易有危险，所以必须抓紧处置。

咳嗽的原因

病毒感染

犬窝咳、流感、麻疹病毒等都会引起呼吸系统的感染。主要途径是从其他的狗狗身上所感染，通过空气传染给狗狗。如果狗狗患病，需要与其他狗狗隔离开，直到被治好。如果症状严重，可能会伴随发热、食欲减退、无力等症状。犬窝咳、流感的感染率很高，然而致死率低，很好恢复。但是麻疹会引发消化系统、神经系统等其他脏器的问题，致死率高，需要特别注意。这种病毒性疾病需要进行规律的预防。

▎霉菌、细菌感染

除了病毒之外，霉菌和细菌也可以引发呼吸系统感染，一旦感染，容易引发肺炎。在肮脏的环境中生活的狗狗更容易感染。重点是要让狗狗生活在一个干净的环境中，不要让狗狗接触脏东西。

▎老龄支气管炎

狗狗年龄大了会诱发慢性支气管炎。老龄支气管炎是由于支气管退化导致变性而出现的疾病，没有办法治疗，根据环境和气候的变化可能会愈发严重。如果病情严重，可以用药物进行缓解。最好让狗狗生活在湿润温暖的环境中。

▎肺疾病

除此之外，如果有异物进入呼吸系统或水、食物等进入肺中都会引发肺炎。另外，对于患了肺水肿、肺出血、肺栓塞的狗狗以及老龄犬，还要确认是否有肺部肿瘤。

▎心脏病、犬恶丝虫

狗狗如果患了犬恶丝虫等心脏疾病也会咳嗽。因为心脏功能变差，会让肺血管的负荷增大，就会引发肺水肿等问题。因此如果狗狗咳嗽，一定要确认是否有心脏疾病。

生活环境因素

香烟烟雾、灰尘、季节变化等生活当中各种各样的刺激都会引起咳嗽。特别是香烟烟雾对狗狗的呼吸系统特别有害。狗狗和人一样，如果患了支气管炎和肺炎，严重的话会诱发肺部肿瘤。最重要的治疗方法就是消除生活环境中刺激呼吸系统的因素。

诊断和治疗

如果怀疑狗狗患了呼吸系统的疾病，可以通过基本的体检和听诊、放射线检查等确诊，也可以通过呼吸系统的内视镜检查、支气管灌洗、CT检查等寻找更加精确的病因。大部分呼吸系统的疾病都可以进行内科治疗，如果呼吸系统进了异物或有肺部肿瘤等就需要手术治疗了。

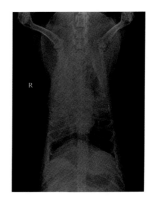

患了肺炎的狗狗的放射线片，白色部分是炎症

容易混淆为咳嗽的症状

有时也会有狗狗由于咳嗽而入院，但实际上并不是咳嗽。容易混淆为咳嗽的症状有哪些呢？

打喷嚏

狗狗和人一样，也会打喷嚏。如果要说区别，那就是人打喷嚏的时候是"阿嚏"，狗狗的声音是"咳嘿嘿嘿"。如果狗狗过敏或受到刺激，就会流很多鼻涕，这时狗狗发出的声音不是咳嗽，而是类似咳嗽的喷嚏。打喷嚏大部分是因为一时受到刺激所导致，不用太担心。但如果打喷嚏时流鼻血或每天打10次以上，持续3天，鼻腔可能就会出问题，这一点需要确认。

倒打喷嚏（Reverse Sneezing）

有时狗狗像得了哮喘一样，喘气声音很粗，发出咽气的声音。过了30秒到1分钟，狗狗就会恢复如前。这种症状叫作"倒打喷嚏"。一般会有几十秒突然感到吸气吃力，或者像肌肉痉挛一样挣扎着呼吸。主要是由于软腭和喉咙受到刺激导致一时的痉挛，或者是运动、兴奋、脖子受到物理性压迫时会发生。大部分是一时的刺激，不是大问题，没有治疗的必要。但如果症状很严重，或者持续很久，经常发生，就需要去医院了。

鹅叫声

呼吸时有时会发出鹅叫一样呼噜呼噜的声音。这并不是咳嗽，很可能是支气管狭窄。

做呕吐的动作

狗狗好像嗓子被什么东西卡到一样，总是"咳咳咳咳"地做呕吐状。这种情况大多是食管被异物卡住了。确认一下狗狗有没有吃什么不对的东西，如果症状严重，需要做放射线或内视镜检查。

 医生的建议

咳嗽！如果有以下情况必须要去医院！

1.咳嗽3天以上并越来越严重。

2.全身无力。

3.平时吃饭好好的，忽然不爱吃饭了。

4.发热。

5.舌头发青，看起来得了发绀症。

6.除了咳嗽之外，还有其他疾病。

拍打狗狗后背，让痰吐出

咳嗽时的家庭处置法

1.香烟烟雾、灰尘等容易引起过敏的隐患全部去除。

2.冬天要维持室内温暖湿润。

3.如果狗狗患了支气管炎，最好给狗狗脖子戴上丝巾，让狗狗颈部保持温暖。

4.让狗狗多喝水。但咳嗽时不要强迫给狗狗喂水喂药（容易引发感染性肺炎）。

5.手握拳拍打狗狗的后背，以便更容易地排出痰等。

39
发出像鹅叫的声音

　　狗狗如果处于兴奋状态或平时喘气时发出像鹅叫一样的声音，十有八九是呼吸道狭窄。

🐶 呼吸道狭窄是什么

　　呼吸道狭窄是指呼吸道变窄。呼吸道原本是圆筒形的构造，因为软骨变形或周围的肌肉变长等因素压迫呼吸道，导致内腔变窄，空气流动不畅通，呼吸的时候就会受到阻碍，导致发出鹅叫一样的声音。一般多发生于小型犬。也会发生于老龄的肥胖犬。

圆筒形的正常支气管（左侧）和患有气管塌陷的支气管（右侧）

▌如果出现这些症状，需要提高警惕

　　患有呼吸道狭窄的狗狗呼吸的时候会很吃力，所以会出现下列症状。特

别是发出鹅叫一样的声音，是代表性的症状。

- 平常或兴奋时发出鹅叫一样的声音。

- 舌头经常发青。

- 经常像想要呕吐一样。

- 平时经常喘不过气。

- 不愿动弹。

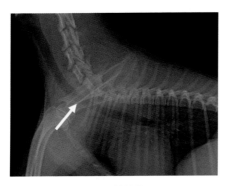

正常器官放射线图

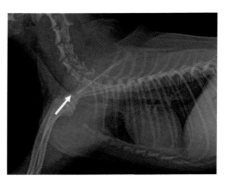

呼吸道狭窄放射线图

诊断和治疗

可以通过放射线或透视等影像手段进行确诊。如果需要更加精确的检查，可以通过支气管镜进行检查。如果狭窄的程度不严重，可以通过体重管理和支气管扩张剂等药物治疗缓解症状，最大限度减缓病情的进展。

如果狭窄程度严重，药物治疗没有效果，那么出现呼吸困难等紧急情况的可能性就会增大，需要尽快通过手术扩张气管。虽然手术是最有效的办法，但容易发生后遗症，还需要和医生进行充分的商谈。

家庭处置法——呼吸道狭窄的管理方法

容易患呼吸道狭窄的狗狗千万不能发胖！

肥胖是疾病恶化的主要原因。如果狗狗是该疾病的易感体质，那就一定要在体重管理上下功夫！但过度的运动和兴奋，也会瞬间导致严重的呼吸道狭窄。可以采用饮食管理和轻松的散步等方式来管理体重。

炎热时呼吸困难会更加严重！不要让周围的环境太热，要保持凉爽！

狗狗是通过口腔来散热的，如果体温上升，就会呼吸急促。对于健康的狗狗来说并不是大问题，但对于患有呼吸道狭窄的狗狗来说，呼吸急促本身就会导致呼吸困难。因此重点是要维持凉爽的环境。

如果有严重的呼吸道狭窄，需要提前对紧急情况做准备！

有时会出现因发绀症或呼吸困难导致昏厥等应急情况。如果能立刻送到医院接受治疗当然是最好，但到了医院发生休克的情况也很多，这一点需要注意。如果是症状严重的狗狗，需要准备好提供氧气的工具，最好再常备一些发生紧急情况时可以给狗狗服用的药物。如果发生紧急情况，需要和主治兽医进行商谈决定是否挪动狗狗。

这些狗狗容易患呼吸道狭窄，要特别注意！

1. 约克郡犬、博美犬、马尔济斯犬、小狮子犬。

2. 肥胖的小型犬。

3. 从小就特别容易呼吸急促、不喜欢运动的狗狗。

4. 在放射线检查中确诊气管狭窄的狗狗。

40

打鼾严重

"我家狗狗睡觉的时候打鼾，可爱吧？"有很多主人都这样说。虽然很难为情，但是我家狗狗睡觉也打鼾。

虽然狗狗打鼾的样子很可爱，但并不能单单看成是"可爱的行为"。打鼾意味着因为某种原因导致空气流通不畅，呼吸不通。甚至还有打鼾严重的狗狗会因为呼吸困难引发其他的问题，需要进行检查和治疗。

🐶 打鼾的原因

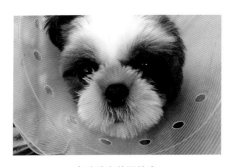

鼻孔狭窄的西施犬

打鼾主要是上呼吸道，即从鼻孔到鼻腔，一直到喉咙部位出现的问题。

- 鼻孔狭窄。
- 上腔（软腭）延长。
- 肥胖引起喉咙周围的部位组织肥大。

- 鼻腔有肿块。

- 过敏导致黏液过度分泌。

- 呼吸道狭窄症。

鼻孔狭窄或软腭延长是短头犬经常出现的疾病。因此，短头犬特别是肥胖的狗狗会经常打鼾。

老龄犬如果忽然严重打鼾，需要怀疑是否鼻腔内有肿块。即使没有什么其他问题，单单就是打鼾，也需要确认是否因为香烟烟雾或其他原因导致过敏，或是否有呼吸道狭窄等疾病。

🐶 打鼾严重放任不管的话

如果打鼾严重放任不管，会因为空气不流通导致气管发生二次变化。不仅仅是在睡觉的时候，在平时也会出现打鼾、发绀、呼吸困难等严重的症状。如果产生关联症状，治疗会更加困难，治疗效果也不好，所以在问题发生之前最好就要治疗好打鼾。

因放任不管狗狗鼻孔狭窄和软腭延长，导致喉咙塌陷

🐶 诊断和治疗

可以用肉眼进行观察。用眼睛可以确认鼻孔的大小、软腭的长短、喉咙构造等。此时，为了观察软腭和喉咙等口腔内侧，需要狗狗轻松镇定才可以。除此之外，也可以通过放射线检查、彩超检查、CT检查等对鼻腔构造进行精密评估。

手术前鼻孔狭窄的样子　　　　　　　　做完手术后，鼻孔变宽的样子

治疗根据病因的不同而有所差异。举例来说，如果鼻孔狭窄、软腭延长，那就需要通过手术来扩张鼻孔，剪掉一部分软腭，这样会更有效果。如果是其他原因，那就需要通过内外科治疗及环境管理来治疗。

 医生的建议

短头犬综合征是什么？

　　鼻子和嘴短的狗狗被称为短头犬。我们身边经常能看到的西施犬、京巴等品种都是代表性的短头犬。这些狗狗鼻孔狭窄、软腭延长，这些症状就被称为短头犬综合征。主要会出现打鼾、喘不过气的症状，严重时会出现发绀症等呼吸困难的症状。短头犬综合征由于是身体构造的问题，所以药物治疗效果不明显。对诱发症状的原因进行评估之后，通过手术进行矫正最有效果。

短头犬综合征示意图

41

肚子变鼓

狗狗怎么会忽然肚子变鼓？从单
纯地变胖，到出现腹水、肿块等严重
的疾病，肚子变鼓的原因多种多样。
有的原因会引起很严重的疾病，所以
需要确认狗狗是否因为以下原因导致
肚子变鼓。

肚子鼓鼓的样子

🐶 肚子鼓鼓的原因

▎体重增加，腹腔内脂肪增多

▎怀孕

▎胃肠扩张—扭转

胃肠闭塞或扭转严重。主要多发生于大型犬。特征是肚子忽然变鼓，持
续数小时。

子宫扩张

子宫水肿或子宫积脓等子宫内有液体或脓的疾病。大部分会伴随呕吐、食欲减退、无力等症状。

腹水

腹腔内充满渗出物质被称为腹水。腹水的病因多种多样。譬如胃肠道破裂、膀胱或尿管破裂、小便充盈、低蛋白血症等。也会由于腹腔内出血导致血液充满腹腔。通过精密检查，确认好腹水的种类是很重要的。

肿块

指腹腔内有肿块。肝脏、心脏、脾脏等腹部脏器以及淋巴结、腹壁等都会出现肿块。

腹部肌肉变弱、无力

这并不是腹部出现的问题，支撑肚子的腹部肌肉如果变得无力，那肚子就会耷拉下来。有时肚子就会看起来鼓鼓的。大部分是因为肾上腺皮质功能亢进症之类的激素异常所导致。除此之外也会有连接腹部肌肉的胸腰椎神经的问题，但很罕见。

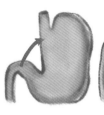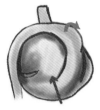

正常胃的构造　　　胃向左侧扭转　　　胃扭转诱发闭塞膨胀　　严重膨胀导致缺
　　　　　　　　　　　　　　　　　　　　　　　　　　　　　血性坏死

胃扩张—扭转示意图

胃扩张—扭转（GDV，Gastric dialatation—tolvulus）主要发生于体型大的大型犬。胃扭转堵塞使得胃内的食物和气体不能顺利进入肠道，导致胃胀得像个气球。胃如果膨胀，周围的胸腔和腹腔的脏器就会受到压迫，因此容易造成周围的脏器缺血性损伤。

该病主要发生于大型犬，吃过饭后如果忽然进行剧烈运动，那发病的概率就高。如果发生了GDV，在几个小时之内，胃部会急剧膨胀。如果大型犬的肚子一下子鼓起来，拍打肚子的时候还会出现"咚咚"的鼓声，那就要怀疑患了该病。GDV是非常紧急的疾病。如果发病，在几个小时之内就能够致命，所以如果出现的症状让人怀疑患了该病，那就要马上去宠物医院。需要将胃里充满的气体排出去，减压并稳定下来，然后通过手术将胃固定下来，使其不再扭转。

发生GDV错过治疗导致死亡的情况有很多，所以最好提前预防。预防主要是通过手术将胃部固定在腹壁，使胃不会扭转。

🐶 出现以下症状，要赶紧去医院

▍肚子忽然鼓起来

几个小时或几天之内，肚子忽然鼓起来，很可能是患了致命的疾病。子宫积脓、胃扩张—扭转、腹腔脏器破裂等导致腹水或腹腔内出血等需要紧急处置的疾病，需要立刻带狗狗去宠物医院。

慢慢鼓起来并伴随其他症状

肚子慢慢鼓起来时，大多不是紧急的疾病。但如果伴随呕吐、腹泻、食欲减退、无力等全身症状，就需要马上进行处置。如果伴随其他症状，需要赶紧检查。

诊断和治疗

需要通过放射线检查和彩超检查、血液检查等查找肚子鼓起来的原因。如果怀疑腹腔脏器破裂，可以进行放射线造影检查；如果怀疑有肿块，可以进行CT检查；如果有腹水，可以进行腹水的细胞学检查、激素检查等。以这些检查为基础来寻找病因，根据病因进行治疗。

42
黄疸

　　黄疸是指皮肤和黏膜（眼睛的眼白、牙龈等）等变黄的状态。出现黄疸的原因是体内积攒了胆红素（Bilirubin），该色素是构成胆汁的黄褐色色素，在体内积累会使皮肤或黏膜变黄。如果患上了黄疸，说明现在身体状态并不是很好。下面我们来看看到底哪个部位，出现什么样的问题，才会出现黄疸。

🐶 出现黄疸的原因

　　出现黄疸主要是因为胆红素过度分泌或排泄不好导致在体内积攒。

▍胆红素过度分泌

溶血（示意图①）

　　如果红细胞被破坏很多，那红细胞内的胆红素就会大量渗出并堆积。可以怀疑患上了中毒、免疫性溶血性贫血、输血副作用导致的溶血等破坏红细胞的疾病。

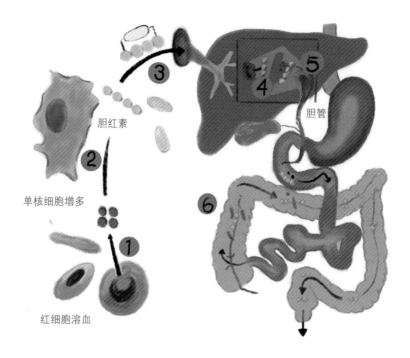

胆红素

单核细胞增多

红细胞溶血

黄疸原因示意图

胆管

胆红素代谢、排出异常

肝功能障碍（示意图④）

肝脏以适合排出胆红素的形式进行代谢，但当肝脏受损时，便不能进行这样的代谢，就会导致胆红素堆积。肝炎、肝硬化、肝囊肿等肝脏的实质性损伤都会造成黄疸。

胆道闭锁（示意图⑤）

胆红素经过肝脏、胆道通过肠道排出。如果胆道闭锁就不能排出，导致胆红素堆积形成黄疸。可以怀疑患了让胆道闭锁的胆道炎、胆囊黏液瘤、胆结石、胰腺炎等疾病。

 **诊断和治疗**

通过基本的体检、血液检查等可以确诊是否患有贫血，也可以得知肝功能和胆红素的具体数值。之后通过放射线检查和彩超检查可以了解肝胆功能，如果怀疑有肿瘤，可以通过CT检查等更为精密的检查手段进行诊断。

如果出现黄疸，很可能会伴随呕吐、腹泻、腹痛等其他全身症状。为了控制这些症状，除了要对症治疗之外，还要找出病因，根据病因进行治疗。

医生的建议

注意事项！

黄疸是身体出现问题的信号！大部分都会伴随着其他症状，偶尔也会没有什么其他明显的症状。即便如此，肝胆系统的问题和贫血的问题也会很严重，所以还是要检查治疗。

43
皮肤和黏膜发白

结膜（左图）和牙龈（右图）等黏膜发白

　　皮肤和黏膜，特别是牙龈和眼白、耳朵等部位变白，说明已经贫血。换句话说，就是血不足。贫血是血液中的红细胞低于正常值以下的状态。红细胞是负责组织搬运氧气的，如果红细胞不足，就会诱发低氧症，因为身体组织无法使用氧气，组织会受到损伤，严重时还会导致死亡。

🐶 出现贫血的原因

　　红细胞不足的原因主要分为红细胞缺失、破坏，红细胞生成减少。

红细胞缺失、破坏

大量出血

严重出血时，红细胞减少量会大于生成量，导致贫血。因外伤导致的出血、肿块，脏器的出血、止血障碍等都有可能诱发贫血。

溶血

溶血是指红细胞被破坏的现象，溶血也会诱发贫血，同时会伴随黄疸。溶血最多的原因是免疫性溶血性贫血。除此之外还有中毒、寄生虫、肿块等导致的溶血。

红细胞生成减少

生成红细胞的骨髓如果被抑制，就不能很好地生成红细胞，就会造成贫血。由于骨髓被抑制而导致的疾病有：骨髓肿瘤、心脏或肝脏的慢性疾病、甲状腺功能减退、中毒、自身免疫疾病、营养不良等。

医生的建议

免疫性溶血性贫血是什么？

　　免疫性溶血性贫血是指自身的红细胞受到自身白细胞攻击的疾病。将自身红细胞当成敌人，产生抗体进行攻击，破坏红细胞导致贫血。患贫血的小型犬当中，很多病例是由于该原因所导致的。如果病因不明且贫血严重，应通过输血及免疫抑制剂进行治疗。

🐶 *诊断和治疗*

黏膜变白首先要通过血液检查确认是否贫血。如果贫血严重，首要任务

正在输血的狗狗

就是要输血。检查血型之后，给狗狗按照相应的血型输血，先缓解贫血的状态。之后再确认是因为红细胞缺失、破坏导致的贫血，还是因为红细胞生成不足导致的贫血，这就需要进行各种各样的血液检查和骨髓检查，根据原因选择适当的治疗方法。

狗狗的血型及输血！

狗狗的血型多种多样，一般分为6种。因为对红细胞没有抗体，所以大部分狗狗在第一次输血的时候不会产生排异反应，可以很安全地接受输血。但如果输过一次血，就会产生抗体，从第二次输血开始就可能会出现排异反应。因此，在输血之前先要检查血型，确认是否会出现交叉反应等排异反应。

血型检查样本

输血的排异反应指的是身体会攻击输入进来的红细胞，严重的话还会自我攻击，威胁生命。同时还会伴随出现呕吐、发热等全身症状，以及溶血导致的黄疸、血尿、出血等症状。输血之前要和兽医进行充分商谈。

44
皮肤出现斑点

　　皮肤变色、出现斑点的现象根据症状的不同，原因也是千差万别。从感染、激素变化等皮肤疾病到肿瘤都有可能，甚至不是皮肤问题，而是血小板减少之类的血液障碍导致瘀血等各种各样的原因。

🐶 根据斑点的样子寻找原因

▎没有其他症状，皮肤也很干净，只是出现了一块块的斑点是怎么回事？这是年龄引起的变化，暴露在紫外线下也会如此

　　人类随着年龄的增长会出现斑，狗狗也一样。狗狗年龄大了，也会出现一些原本并没有的斑点。这并不是疾病，而是因为色素沉积导致的，没有其他症状，皮肤的状态也很干净。如果经常进行户外活动，总暴露在紫外线下，那斑点会更多。

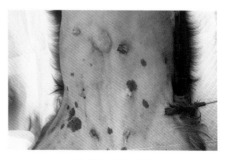

年龄导致的斑点

皮肤脏、油腻、有异味，并出现斑点是怎么回事？患了皮肤病

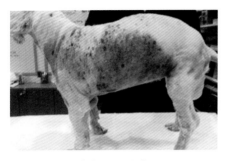

皮炎会产生斑点

如果皮肤感染了寄生虫、细菌、霉菌，或者过敏性皮炎等皮肤疾病、激素疾病（甲状腺功能减退、肾上腺皮质亢进症）等，炎症就转成慢性，色素也会沉着。

为什么皮肤看起来发青、苍白？患了止血障碍

如果缺乏血小板或其他凝血因子，就会导致止血障碍。如果止血出现障碍，那就会发生皮下出血，皮肤也就会出现一块一块的青色，看起来就像斑点一样。

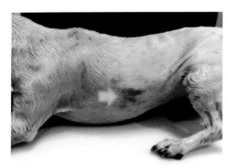

止血障碍导致斑点

皮肤颜色发生变化，出现凸起是怎么回事？皮肤肿块

如果皮肤出现肿瘤，也会有斑点。此时一般伴随着颜色的变化，会出现凸起。

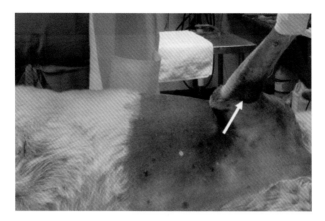

肿块导致的斑点

▍涂抹外用剂的部位出现斑点

在使用软膏、粉、洗发水以及寄生虫药等外用剂的部位会出现斑点。这是因为反复刺激皮肤导致色素沉积，大部分不需要治疗。

医生的建议

免疫性血小板减少

上述的疾病中，最致命的就是免疫性血小板减少。

免疫性血小板减少是指身体把自身的血小板当成外部的物质进行攻击破坏的自身免疫性疾病。发生这种疾病时，不仅血小板会受到攻击，就连红细胞也会被攻击，很多时候还会伴随免疫性溶血性贫血。

血小板是凝固血液的物质，如果血小板不足，身体的各个部位都会出血。最常见的症状就是皮下出血导致皮肤发青、血尿、流鼻血等。如果持续出血会导致贫血，需要紧急处理。用免疫抑制剂进行治疗也会导致复发，所以需要持续监测。而且日后也最好尽量避免使用刺激免疫系统的药物和疫苗。

🐶 诊断和治疗

　　根据狗狗的症状推测病因，然后进行检查。一般要确诊皮肤病，需要做皮肤检查、激素检查、特应症检查等。如果怀疑有肿瘤，还需要做病理检查。如果斑点看起来像是瘀血，还需要通过血液检查来确定血小板的数量、是否贫血、凝血因子功能等。通过准确的检查，根据病因对症治疗。

45
严 重 消 瘦

　　狗狗不会像人一样自己减肥。如果真的是严重肥胖，那一般都是主人强制给狗狗减肥。因为狗狗吃的食物种类、量等都几乎是一定的，所以即使成年之后大部分的狗狗体重也不会有明显变化。因此，如果狗狗的体重出现大幅度变化也正说明很可能是健康方面出现了异常。特别是比起变胖，忽然消瘦更为罕见，如果没有强迫狗狗减肥，体重却掉了很多，那很可能是已经患病。

消瘦的原因

▌营养不良

　　如果狗狗的饲料量不够或饲料的质量不好，狗狗就会消瘦。一般幼犬在没有充分摄取营养时会出现这种现象。

食欲不振

有压力，饲料不对口味时就会不好好吃饭，此时体重就会下降。

消耗性疾病

如果有下列的慢性消耗性疾病，体重就会下降。特别是在饭量没有变化时体重却减轻的7岁以上的中老年犬，就更要怀疑患病。

- 胃肠道疾病 [炎症性肠病（Inflammatory Bowel Disease，IBD）、蛋白丢失性肠病、肠内寄生虫、其他感染性肠炎、胃肠道闭塞、肠切除术后、食管炎、肠运动性下降]。
- 其他内脏疾病（心脏、肝、肾、胰腺等慢性疾病）。
- 肿瘤。
- 激素疾病（肾上腺皮质功能下降、糖尿病、甲状腺功能亢进）。
- 慢性出血。
- 严重的皮肤病（通过皮肤损伤部位使蛋白质流失）。
- 脑疾病（食欲减退、咀嚼吞咽功能下降）。
- 生产后对幼崽的管理。
- 原因不明的发热、炎症。

医生的建议

1.出现以下情况要赶紧去医院!

体重比平时减轻10%以上（例如，5kg的西施犬体重减轻到4.5kg以下）。

体重减轻10%以上就算是特别多的了。特别是在短期内体重减轻，那么患病的可能性就更高了。

好好吃饭体重也减轻。

和平时一样吃饭，或比平时吃得更多，但是体重依旧减轻，这种情况很可能是患上了慢性消耗性疾病。

伴随其他症状。

无论是间歇性还是频繁性的，总之伴随了全身其他的症状（例如，无力、食欲减退、多饮多尿、呕吐、腹泻、掉毛等）。

2.炎症性肠病（Inflammatory Bowel Disease，IBD）

有些狗狗偶尔也会没有任何原因就腹泻，导致体重减轻。通过检查也找不到原因，不停腹泻，体重减轻，这时就要怀疑狗狗患上了炎症性肠病了。

炎症性肠病（IBD）就是指原因不明导致的肠炎。虽然大多情况下找不到疾病的原因，但可以推测是由于免疫功能异常导致肠内正常细菌丛被攻击而出现的炎症；或者因为饮食的缘故引起过敏，导致发生肠炎。肠炎如果持续发生就无法正常吸收营养，导致严重消瘦。如果怀疑患了IBD，可以通过病理检查进行确诊，通过免疫抑制剂或抗生素进行治疗。治愈不容易，即使症状好转也容易复发，需要用药物缓解症状。

3.甲状腺功能亢进

甲状腺功能亢进比甲状腺功能减退更罕见。主要是甲状腺上长了肿瘤，或者已经患了甲状腺功能减退后过量服用药物导致甲状腺功能亢进。主要症状是饭量比平时大，但体重却减轻。贪食、口渴、肌肉无力、走路哆嗦、易兴奋不安等。毛发变疏松，虽然吃饭还行，但看起来很虚弱。出现上述症状时，需要通过甲状腺的各项数值和彩超、CT检查来判断是否患有甲状腺功能亢进。如果放任不管，很容易致命，所以要尽快治疗。根据原因和身体情况选择药物治疗或手术摘除甲状腺。

🐶 *诊断和治疗*

年龄小的狗狗如果体重一直下降，就需要观察饮食习惯。是不是饲料的量不够，是不是吃饭的次数太少，是不是饲料的品质不够好等。需要给狗狗按照建议的量喂高品质的饲料。

还有一些狗狗吃够了单一的饲料，或者觉得饲料不好吃。此时就得给狗狗换更美味的饲料，或者在饲料上撒一些肉粉（可以购买市面上的肉粉或者在家把鸡胸肉晒干后磨成粉），这样会让狗狗更喜欢吃饭。如果再好吃的饲料狗狗都不喜欢吃，那或许就有健康方面的问题了，需要咨询兽医进行检查。

7岁以上的狗狗如果出现体重减轻并伴随其他症状，很有可能是已经患病。需要去宠物医院通过体检确诊，根据原因采取内外科治疗。

46

狗狗太胖了，我家狗狗的肥胖度是多少？
制订减肥计划（计算热量的方法）

　　大部分的狗狗和猫咪在家里都备受关爱。在温暖的家中吃着好吃的，过得非常悠闲安逸。可是大家要知道，在这样的生活中，宠物们就不知不觉变成小胖子了。

　　你们或许不知道，实际上家庭中的宠物有20%～40%都患有肥胖。

　　肥胖是万病之源，易导致糖尿病、高血压、呼吸系统及心血管疾病、劳损性关节炎、慢性跛行等。特别是猫咪还会出现痤疮、掉毛等皮肤病，肝脏脂肪沉积综合征(Hepatic Lipidosis)，猫下尿路疾病(FLUTD)等。因此肥胖的宠物们为了身体的健康，必须要减肥！

　　也可以通过检查来了解宠物的肥胖程度，根据原因进行减肥治疗（可以参考p.62，"7.狗狗肥胖的那些事"）。

47
发热

发热的原因大体上分为两种。外部温度急剧上升导致体内热量无法释放、体内有炎症导致发热。如果体温上升严重，会给全身脏器带来损害，是很危险的。

体温上升的原因

高温环境

狗狗的皮肤上没有汗腺，只能通过口腔和脚垫散热。所以如果感到热，狗狗就会伸出舌头喘息，脚底也会湿漉漉的。

如果气温非常高，超过了散热的临界点，那体温就会上升。特别是在炎热的夏天，在汽车或笼子这种封闭狭窄的空间里，狗狗的体温会一下子上升，是很危险的。

过度运动或兴奋

如果运动过度或兴奋的时候，狗狗会产生很多热量，体温很容易就上升了。特别是高温潮湿的夏季更应该注意。

上呼吸道疾病

患有软腭延长，或有喉咙、支气管等部位的疾病，狗狗的呼吸就会不顺畅，散热也会不好。

身体有炎症

身体如果某个部位发炎，体温就会上升。引起痉挛的中毒症或神经系统疾病也是如此。偶尔也会出现因为脑部有肿块导致体温无法调节而发热的情况。

麻醉过程中或麻醉后发热

偶尔会有麻醉过程中或麻醉后出现发热的狗狗。现在原因不明，主要发生于寻回犬、哈士奇、阿拉斯加犬这种毛多的大型犬。

医生的建议

狗狗的正常体温是多少？

抱着狗狗会觉得很暖和吧？这是因为狗狗的体温比人类会高2℃左右。虽然不同的狗狗会有一定的差异，但狗狗的正常体温一般是在38~39℃。如果高于39.5℃，那就是异常发热，就需要接受检查了。

🐕 怎样知道是否发热？

直肠体温测量方法

1.最准确的方法就是测量体温。一般的狗狗通过直肠测量体温。可以在医院测量，家中有体温计的情况下也可以在家里测量。

2.发热的早期症状是狗狗张嘴频繁呼气。严重时口腔黏膜会发红充血，流口水。

3.如果发热严重，会出现脱水、休克等症状，导致狗狗跌倒。会损害肾脏等脏器，小便困难，出现血便、痉挛等症状。

医生的建议

如果体温超过40℃，需要紧急治疗！
　　如果体温超过了40℃，需要紧急给狗狗退热。如果超过41℃以上，会引发全身脏器的损伤，导致死亡。

🐕 应急处理的方法

给皮肤降温

可以将凉水洒在狗狗身上，或者用浸润凉水的手绢盖在狗狗身上，还可以把狗狗直接放在凉水中。把挥发性酒精洒在狗狗身上，然后用电风扇吹风，也是一个好办法。

注意：凉水，而不是冰水！用清凉的水即可。一般水龙头的出水温度就好。如果用太冷的冰水会让皮肤的血管收缩，反而会阻碍身体散热。

给狗狗喝凉水

如果狗狗还有意识，可以自己喝水，让狗狗喝一点凉水，这样会有所帮助。此时还是要避免喝太凉的水，不要强制给狗狗喂水。

体温降到39℃以下就停止降温

如果持续给狗狗降温就会引发低体温症，会导致脏器的损伤。给狗狗降温的过程中要持续监测体温。

体温下降后马上去宠物医院

确认发热的原因，确认是否因为发热导致脏器的损伤，马上测量体温。因为很多狗狗会再次发热，所以最好去宠物医院进行监测。

如果高体温症严重，需要立刻去宠物医院。在去医院的途中持续给狗狗降温。

诊断和治疗

所有的诊断和治疗都要等狗狗体温降下来后再进行。医生通过向主人了解，推测出体温升高是因为外部高温导致的还是因为内部发热而导致的，然后进行必要的检查。对狗狗进行持续监测，看看体温是否正在持续升高，找到发热的原因对症治疗。

以下的狗狗发热更应该注意!

脸部扁平、嘴短的短头综合征狗狗（很多狗狗有先天性上呼吸道疾病）。

以前有过发热且接受过治疗的狗狗。

老龄犬或幼犬（对外部温度的变化很敏感）。

肥胖的狗狗。

心脏或呼吸道有问题的狗狗。

有甲状腺功能亢进的狗狗。

毛发茂密的大型犬（哈士奇、阿拉斯加犬等）。

48
拖着屁股走路

有时狗狗会把屁股拖在地上走路，养宠物的人都会见到过。有的专家会把这种现象戏称为"用屁股滑雪"。狗狗那么认真地把屁股往地上蹭，让人看着觉得既搞笑又可爱。但这却并不是一笑而过的事。

🐶 拖着屁股走路的原因

拖着屁股走路是因为屁股发痒。就是这么简单。

特别是肛门周围脏或者沾有大便时就会感觉痒，最主要原因就是患有肛门囊疾病。

肛门囊是什么？正确的肛门囊管理法是什么（参考p.39 "一同生活和基本管理方法"）？

 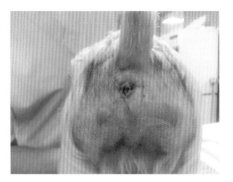

肛门囊破裂发炎的狗狗　　　　　　　　　　通过手术摘除肛门囊

🐶 肛门囊疾病的诊断和治疗

　　如果肛门囊没有好好管理，就会发炎，严重时会破裂。也会使肛门囊长出良性或恶性的肿瘤。通过体检可以确认肛门囊的状态，根据情况选择药物治疗或通过外科手术摘除肛门囊。如果有肿瘤，在摘除肛门囊之后需要通过病理检查确定是否是恶性肿瘤。

49
外阴部出血或流脓

外阴部流脓的狗狗

母狗有时外阴会出血或流脓。此时需要怀疑是连接外阴部的膀胱或阴道、子宫出现了问题。

外阴出血的情况有哪些

生理期

这是外阴出血的最主要原因。如果狗狗没有做绝育手术，那这是母狗会出现的正常现象。一般一年会有两次，出血的现象一般会持续7~10天。

生育后出血

生育后过了数周，出现暗褐色、暗绿色的恶露。偶尔也会看到暗红色的血，这和一般的出血不同。在生育后的数天内，如果看到的不是恶露，而是像出血似的渗出物，那就要怀疑是子宫内出血了，需要赶紧检查和处置。如果出血不停，就需要摘除子宫。

阴道外伤

罕见的阴道外伤也会出血。譬如交通事故导致外部冲击或交配后出现外伤。这很容易和生理期的出血混淆，如果持续一周以上没有好转，且受过外伤，最好赶紧检查。

阴道、子宫的肿瘤

阴道或子宫的肿瘤会导致长肿瘤部位出血，导致外阴部沾血。通过体检、放射线、彩超、CT等检查可以确认是否有肿瘤。根据肿瘤的大小、部位、是否转移等情况选择内、外科的治疗。

膀胱炎、结石、膀胱肿瘤

膀胱炎、结石、膀胱肿瘤等都是可以引发膀胱出血的疾病。这些疾病不会导致血尿，但会在小便结束后出血，沾到外阴部。因此如果发现外阴部有血，一定要检查膀胱的情况。根据病因和情况选择内、外科治疗。

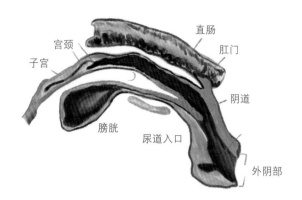

母狗泌尿生殖系统示意图

🐶 流脓（渗出物）的情况有哪些

阴道炎

如果阴道和子宫发炎，就会流脓。通过阴道分泌物检查、白细胞及炎症的数值等进行诊断，采用抗生素治疗或消毒治疗。

子宫积脓

炎症严重时就会引发子宫内部积脓。子宫积脓分为开放性和闭锁性两种。开放性子宫积脓的宫颈是开着的，所以子宫内的脓性渗出物会流到外阴处。因此主人如果看到狗狗的外阴有脓，就很容易察觉到异常情况。闭锁性子宫积脓的宫颈是紧闭的，子宫内部的脓是不会流到外部的。一般只是表现为食欲减退、呕吐、发热等

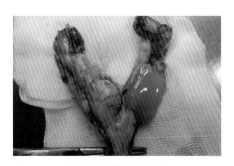

子宫内充满脓性渗出物

症状，主人很难快速察觉到。因为脓水藏在子宫内部，流不出去，还容易让子宫破裂，引起严重的腹膜炎和败血症。

外阴部沾上脓水且没有做绝育手术的母狗如果出现食欲减退、呕吐、无力等症状，可以怀疑有子宫积脓，需要进行检查。

通过放射线、彩超、炎症数值等检查进行诊断，需要通过手术摘除子宫。

 医生的建议

狗狗的生理期（发情周期）

　　狗狗一般在6~24个月之间会出现第一次生理期。小型犬会早一些，大型犬会晚一些，但大部分都是在8~10个月之间出现第一次生理期。生理期之前的数日，外阴部开始肿胀，几天后就能看到血。血最开始是深色的，过一周左右就变成鲜粉色液体，逐渐就会消失。每只狗狗的发情周期都有所差异，但一旦开始，会持续2~3周，一年内会有两次左右。

交配的最佳时期?

　　为了狗狗怀孕，最佳交配时期一般在出血后的7~10天为好。但每只狗狗都有所不同，去宠物医院进行阴道分泌物检查之后再确定日期比较准确。最好是在外阴部血液颜色变成鲜粉色，量减少之后，带狗狗去宠物医院检查，然后再确定日期。

50

摸到乳腺肿块

狗狗也会和人一样得乳腺癌。特别是没有进行绝育手术的狗狗，更容易患该病。如果能够摸到乳腺肿块或用眼睛可以看到有肿瘤，说明可能有良性乳腺肿瘤或患了乳腺癌。

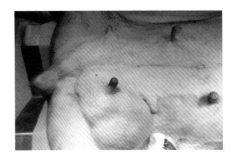

患乳腺肿瘤的狗狗

乳腺肿瘤早期诊断法

如果早期发现了乳腺肿瘤，手术很容易，治疗效果也好。但如果肿瘤长到了肉眼能看到的程度，那需要手术的部位也会更大，转移的风险就会增加。

因此需要定期给上了年龄的狗狗在家检查，重点是要在早期阶段发现乳腺肿瘤！如果狗狗年龄大，需要一个月检查一次。

狗狗的乳腺构造是什么样的?

狗狗共有10个乳腺、乳头也有10个、两侧各5个,从胸部到腹部分布。

🐶 检查的方法是什么

狗狗不像人类的乳腺那样突出,大部分情况下很难用肉眼或者通过触摸的方式区分出乳腺。一般有过生产经验的狗狗,或者正在发情期、发情过后的狗狗,乳腺会发达一些,可以触摸到。触摸乳腺的时候,可以通过揉的方式,确认其是否坚硬,或者有没有像小米粒的肿瘤。如果触摸不到乳腺,可以揉搓乳头附近进行确认。

10个乳腺全部都要检查,越到后面乳腺就越大,所以要更加仔细触摸检查。

🐶 诊断和治疗

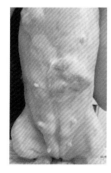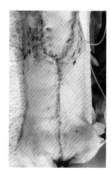

乳腺摘除手术前(左图)后(右图)

如果摸到乳腺中有东西,需要马上住院检查。

首先要进行血液检查及影像诊断检查,然后要在狗狗麻醉的状态下评估是否转移到其他脏器,重点是要尽快摘除肿瘤。如果肿瘤比较小,只摘除肿瘤即可。如果肿块大,或者好多地方都有肿瘤,那就需要将整个乳腺都摘除。

摘除乳腺后，通过病理检查判断是良性还是恶性，根据结果决定是否进行追加治疗及预后等。

如果是没有进行过绝育手术的狗狗，还会受到乳腺肿瘤的影响，所以在摘除乳腺肿瘤的同时，建议最好一同做一下绝育手术。

乳腺肿瘤良性的概率大，即使是恶性的，转移率也不高，所以如果手术进行顺利，治疗效果也会很好。

预防乳腺肿块的方法

雌性激素会让乳腺肿瘤的发病率升高。因此如果做了绝育手术，就会显著减少乳腺肿瘤的发病率。

据相关报告称，实际上，在第一次生理期之前，如果给狗狗做了绝育手术，那可以99%预防该疾病；在第三次生理期之前做手术，可以74%预防该疾病。

但如果在2岁以后再做绝育手术，那就对预防乳腺肿瘤没有帮助了。

51

乳腺发热浮肿

这是经常发生的情况，狗狗乳腺部位会感觉火辣辣的并且伴有浮肿。严重时还会出现颜色异常的乳汁。这种情况就要怀疑是乳腺炎了。

乳腺浮肿并伴随发热的原因

乳腺炎

乳腺被细菌所感染，大部分发生在生产之后需要哺乳的母狗中。因为需要哺乳，乳头就很容易受伤。如果该部位感染就很容易诱发炎症。如果放任不管很容易转成严重的全身性炎症，所以需要进行适当的治疗。

乳腺增生

在怀孕后期为了准备日后的哺乳，乳腺就会变得很发达。在此过程中，乳腺会变大，还会有一丝发热。大部分都是正常现象，不需要治疗。但如果严重发热或出现疼痛，就要咨询兽医。如果有假怀孕现象，也会出现类似症状。

▋乳房肿块

乳房肿块偶尔也会有炎症性质。
此时触摸不到肿块，和乳腺炎的症状
类似，主要有发热、肿胀、疼痛等。

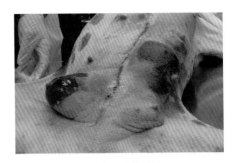

乳腺发红发热浮肿

 诊断和治疗

在哺乳期间如果出现此症状，需要进行消炎治疗。如果对这种治疗方法
没有什么反应，就需要进行肿块鉴别，通过细胞学检查、影像检查以及血液
检查等补充检查来判定。如果炎症严重，会导致乳腺组织坏死，此时就需要
手术摘除乳腺。

医生的建议

对付乳腺炎，冷敷最有效!
乳腺有火辣辣的感觉，并伴有浮肿，此时用冷敷
的方法最为有效。冷敷有降温、消炎的效果。冷敷时要
用薄薄的纱布盖在相应部位，用装有凉水（不可以用冰
水）的塑料袋进行冷敷。每个部位冷敷5~10分钟。根据
炎症的程度，每天最好进行1~3次。

冷敷乳腺

52
睾丸变大

睾丸出现了脓肿

没有进行绝育手术的公狗上了年龄出现睾丸变大，是什么原因呢？

可以怀疑以下3种疾病：

第一，睾丸肿瘤。

第二，睾丸炎症或脓肿。

第三，腹腔的脏器掉到了阴囊中。

各种疾病的代表症状及治疗方法

▌睾丸肿瘤

大部分不会发热或疼痛，只是变大。有的狗狗只有一侧睾丸变大，还有的狗狗两侧睾丸都变大。如果睾丸肿瘤分泌雌性激素，还会伴随乳腺发育、腹部周围脱毛等症状。如果有前列腺肿瘤或肥大等症状，还会导致排尿、排便困难等。若要进行治疗及肿瘤的诊断，需要在做完绝育手术之后，通过睾丸病理检查确认肿瘤的性质。如果是良性的，通过手术就可以治愈；如果是恶性的，可能会复发或转移。

睾丸炎与脓肿

睾丸发热疼痛是该疾病的特征。严重时阴囊内会有脓肿。通过绝育手术切除睾丸和炎症组织。如果脓肿严重，还需要排脓并用抗生素治疗。

阴囊疝

很罕见的疾病。脏器通过腹股沟恰巧掉到了阴囊中。如果掉出的脏器拧在一起或者有坏死，那就很危险，所以需要通过彩超检查来确认是否有脏器掉出，如果有就需要立刻进行手术治疗。

53
触摸不到睾丸和只有一侧有睾丸

正常狗狗的睾丸有两个。

狗狗小时候睾丸是在腹腔中的，出生后两个月开始通过腹股沟下降到阴囊之内。每只狗狗的睾丸从腹腔下降到阴囊内的时间都不同。一般在出生后2~3个月都会下降到阴囊中。如果没能下降到阴囊中，一直在腹腔中，那就称为"隐睾"。

出现隐睾的原因

绝育效果不好

如果留下了隐藏的睾丸，只摘除了正常睾丸，那依旧会分泌性激素，所以很难看到狗狗改正"问题行为"、减轻性压力的效果。

睾丸肿瘤发生率高

如果狗狗有隐睾，睾丸肿瘤的发生概率会比正常睾丸高出10～15倍。如果是恶性的睾丸肿瘤，那治疗效果也不好。

🐶 *诊断和治疗*

　　隐睾可以通过触诊判断。对于幼犬来说，如果接种完疫苗之后，触摸阴囊的时候没有摸到两个睾丸，那就要怀疑隐睾。偶尔会有睾丸畸形导致只有一个睾丸的情况，所以还是需要通过彩超检查来确认腹腔内是否有睾丸。

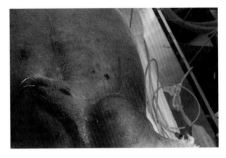

肿块化的隐睾

　　如果确认了隐睾，就必须摘除。隐睾不仅对狗狗的繁殖没有帮助，还会引发"问题行为"，日后大部分还会长出肿瘤。根据隐睾的位置，进入皮下或腹腔进行摘除。

54

狗狗阴茎流脓

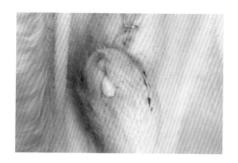

包皮末端出现黄色分泌物

偶尔会在狗狗阴茎末端出现脓性分泌物，大部分是由于包皮炎所导致。所谓包皮炎是指包裹着阴茎的包皮内侧出现炎症。大部分没有做过绝育手术的公狗会得该病，由于包皮周围脏或者狗狗经常舔导致感染。

诊断和治疗

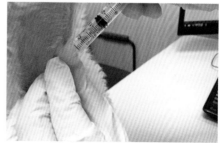

给狗狗洗包皮

如果症状不严重，可以用肉眼确认包皮和阴茎的情况，对症治疗。如果症状严重，即使治疗也没有见好，那就需要选择抗生素治疗并进行细菌培养检查。

　　治疗方法基本是用消毒液清洗包皮内侧，必要时采用抗生素等药物治疗。

第三章

和宠物一同
健康生活需要知道的
注意事项

1

应急处理法

　　下面是各种紧急情况的处置方法。初期处置得是否得当，直接影响着治疗效果的好坏，希望大家一定要重视。但不管怎么说这些都只是应急处理办法，在初步处置之后，即使看起来过得去，也需要马上到宠物医院去检查。

🐶 有伤口时

伤口被污染时用流动的自来水清洗伤口

　　出血严重时用干净的手绢压在受伤部位。

　　如果伤口脏，受到了污染，需要用生理盐水或流动的自来水清洗伤口。

　　如果伤口是狗狗能舔到的部位，请不要让狗狗去舔。如果有伊丽莎白圈，请给狗狗戴上。

注意！不要用家中的任何软膏涂抹伤口。软膏的成分中含有延迟伤口愈合或使伤口感染恶化的消炎剂。

🐶 眼球脱出时

眼球脱出时，越早治疗越能减少日后的合并症和视力受损。赶紧带狗狗去医院，去医院的途中如果时间略长，需要采取一些措施保护眼球。

用生理盐水冲洗眼睛，使眼球不会干燥。最好用柔软的棉花浸润生理盐水，盖到眼睛上面。

注意不要让狗狗用脚揉搓眼睛。

用生理盐水清洗眼球

用浸润生理盐水的棉花盖住眼球

注意！绝对不能用粗糙的东西揉搓眼球和眼球周围。眼球脱出的状态下，角膜干燥，很容易受伤。即使出现渗出物，也绝对不能揉搓，需要用生理盐水清洗。

🐶 脱肠时——直肠脱出、阴道脱出

阴道脱出

如果脱肠时间很久，组织会变干燥造成损伤，需要进行切除手术。

为了不让组织变干，用充分浸润生理盐水的柔软手绢、布、棉花等包裹住脱出的部位，马上去医院。

注意不要让狗狗去舔。

🐶 剪趾甲出血时

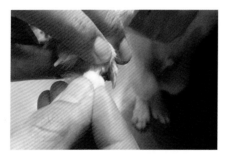

用干净的棉花压住趾甲止血

用干净的棉花或手绢按住出血部位5分钟以上。

🐶 癫痫时

如果持续或反复癫痫就会造成大脑或其他脏器的损伤。如果原来有过癫痫症状，最好家中常备治疗癫痫的药。即使癫痫缓解也容易复发，所以在症状有所缓解时马上去医院。

将狗狗的脖子抬起，帮助狗狗维持呼吸，扩张气管。

将狗狗的头部包起来，不让其受伤。也不能让狗狗碰到地面或墙壁，用柔软的东西包裹会有所帮助。

医生的建议

注意！狗狗癫痫发作时绝不能给它喂水喂药，呛到气管中会导致污染性肺炎。如果要给狗狗喂治疗癫痫的药物，那就在狗狗停止发作、恢复意识的时候再喂。如果是放入肛门或注射类的药物，可以在发作的途中给狗狗使用。但一定要学会正确的使用方法。

🐶 喘不上气时——人工呼吸的方法

和人一样，动物也可以进行人工呼吸。首先要确认狗狗是否正在呼吸。确认的方法是将眼镜或镜子之类的东西放到狗狗的鼻子上，检查一下镜子上是否有白雾。

如果确认狗狗没有在呼吸，就在堵住狗狗嘴巴的状态下，把嘴贴在狗狗的鼻子上，吹入空气即可

给宠物做人工呼吸

（此时需要让狗狗的颈部处于一个舒适的状态）。如果人工呼吸的方法正确，就能看到吹气时狗狗的胸口鼓起来。

人工呼吸的频率一分钟内12～15次最为合适（一次3～5秒）。

医生的建议

注意！给狗狗做人工呼吸并不是往嘴里吹气。狗狗的嘴巴长，很难通过嘴给狗狗供给空气，而且气体跑出去的量也多。需要在狗狗闭上嘴巴的状态下往鼻子里吹气。

注意！当气管被异物卡住不能呼吸时，首要任务就是要将异物取出。可以试试下面的方法。

1.把狗狗倒着提起来：抓住狗狗的后腿将其提起，采取倒立的姿势强烈晃动狗狗。如果是大型犬，可以让狗狗的前腿着地。

2.使劲拍打狗狗的肩部：强烈拍打肩胛骨间的背部4~5次。

3.海姆利克氏操作法：将拳头或者手指贴在最后一块肋骨下面，然后用另一只手强力按压。小心别折了肋骨。

🐶 心脏不跳时——做心脏按摩的方法

确认心脏是否跳动的方法：

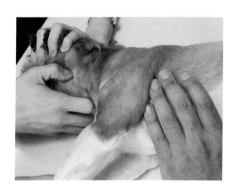
将手放到左侧心脏

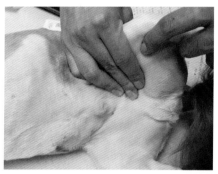
轻轻按压大腿内侧

当用耳朵和手触摸胸部没有感受到脉搏，或用手指按压大腿内侧也没有感受到脉搏时就可以确认心脏停止跳动。

给小型犬和大型犬做心脏按摩的方法有所不同。首先是要让其躺在平坦的地方。

10kg以下的小型犬需要用一只手包裹心脏部位（肩后，腹部）两侧，按压胸部1/3左右的地方。每分钟做100次左右。

给小型犬做心脏按摩　　　　　　　　给中大型犬做心脏按摩

对于10kg以上的中大型犬，需要把手放在一侧的心脏部位，按压胸部1/3左右的地方。按压时，注意手肘不要弯曲，按压才会到位。每分钟做80次左右。

做心脏按摩的同时，还需要用前面提到过的方法进行人工呼吸。

医生的建议

注意！如果按压的力度过大很容易导致肋骨断裂和肺出血。如果做10分钟以上还是没有起色，那就没有希望了。

 烫伤时

狗狗和人一样，被烫伤时最初看不出什么异样，过一段时间就会起水疱或者皮肤变红。严重时会导致皮肤坏死、脱皮，或结出黑色的痂。

如果怀疑狗狗被烫伤，应该这样做：

虽然怀疑有病变，但看不到异常时

在怀疑受伤的部位用凉水涂抹或用冰袋冰敷，一次10分钟左右，如果需要，在凉气退去后反复进行。

能看到受伤时

按照上述方法一边给狗狗冰敷，一边带狗狗去医院。如果有皮肤损伤，需要先处理受伤的部位，以免造成二次感染。

 医生的建议

注意！用冰袋冰敷不能超过10分钟。如果冷气持续过长，反而会让皮肤的伤口恶化。最好在10分钟以内，如果需要的话可以休息一会儿反复冰敷。

热射病

狗狗也和小孩子一样，如果在炎热的夏天长时间待在车中，或者在户外活动过久，就会得热射病。狗狗散热靠口腔和脚垫，如果外部温度急剧升高，很容易得热射病。

狗狗的正常体温是38～39℃，如果超过40℃并持续，会造成大脑和肾脏组织的损伤，所以必须赶紧降温。

降温的方法

往身上洒凉水或酒精降温（从距离心脏部位远的地方开始洒）。

洒水之后用电风扇吹风更有效果。

如果狗狗还有意识，可以吃东西，给狗狗喂一些冰会更有帮助。

最有效的方法是给狗狗输液。所以在应急处置之后最好赶紧带狗狗去宠物医院。

注意！预防是应对热射病最好的方法。不要在夏天把狗狗放到封闭的车内，也最好不要在炎热的正午带狗狗去散步。最好常备一些清凉的水给狗狗。特别是哈士奇、阿拉斯加犬这种在寒冷的地方生活的狗狗，还有毛多的狗狗，都需要格外小心。

🐶 低体温症——加热

出现低体温症的狗狗多为因患热射病或其他疾病的老年犬或幼犬没有进行好疾病管理所导致的。

和热射病相同，要从距离心脏部位远的地方开始升温，不要被吹风机发出的热风烫伤。最好的办法就是将毯子折叠起来，在中间吹入暖风。

从毯子缝隙中吹入热风

用毯子或大的手绢折成一半盖住狗狗。

从毯子的缝隙中吹入热风。此时注意不要让吹风机的热风直接接触狗狗的身体。

注意！将狗狗放置于电热毯或热敷贴上都可能有烫伤的危险。用吹风机直接对着身体吹也容易烫伤，需要注意。

🐶 狗狗吃了一些不能吃的东西

不能吃的东西可以参考"p.55（6.让狗狗吃好睡好的方法）"。

如果吃了不能吃的食物而且没过多久，可以催吐。

根据狗狗的体重，每千克递加2mL过氧化氢。例如3kg的狗狗，需要喂5～6mL过氧化氢。

呕吐之后需要去宠物医院接受更精确的检查。

注意！给狗狗喂过氧化氢的时候要小心，不能污染到肺部。如果污染到肺部，就会诱发严重的污染性肺炎。与其自己直接喂，不如带狗狗到宠物医院进行处理。如果吃下食物2小时以上，或者催吐也没有效果，就要抓紧送到宠物医院了。

🐶 要生幼犬时

狗狗要生产时，会出现如下征兆：

不吃饭，吃了就吐。因为如果有食物进入腹中，就会妨碍子宫收缩。

有挠地的行为。这是为了在野外保护幼崽免受天敌的威胁，并维持体温。

体温比平时低1℃左右（这是目前最简单的判断方法）。

生产时要注意让房间保持昏暗的状态，不要给狗妈妈施加压力。如果压力过大，狗妈妈会放弃幼崽，严重时会杀掉幼崽。

一般情况下狗妈妈都会将自己照顾得很好，但如果它无法照顾自己，就需要主人把脐带用干净的线扎起来，然后用消毒的剪刀剪断脐带。将幼崽放到干净且不干燥的地方，刺激生殖器部位，有利于排尿和排便。另外，一定要让幼犬在4个小时之内喝到母乳，所以要引导幼犬去舔狗妈妈的乳头。

🐶 血糖低时

低血糖多发于幼犬、长肿瘤的狗狗、正在接受糖尿病治疗的狗狗。符合这些情况的狗狗如果忽然出现僵硬、痉挛等症状，就要怀疑低血糖，需要赶紧给狗狗补充糖分。

准备浓度较高的糖水或蜂蜜水浸润狗狗的嘴巴。如果狗狗能喝，就用注射器喂给狗狗。

医生的建议

注意！因为疾病可能会有反复出现低血糖的情况。喂狗狗糖水之后，马上带狗狗去医院进行输液治疗会有效果。另外，如果有低血糖症状，大部分会出现意识昏迷，在喂狗狗糖水的时候，小心不要呛到，需要慢慢喂给狗狗。

2
照顾老龄犬

超过20岁的老龄犬

"百岁时代"并不只是适用于人类。

随着兽医学的发展，狗狗的寿命也一直在延长。16年前，我刚当上兽医的时候，看到超过10岁的狗狗，都觉得是超级高龄的狗狗了。但如今10岁的狗狗也就算是"花样中年"吧。超过15岁的狗狗才被视为稍微年老一点的狗狗，超过20岁的狗狗也并非罕见。

随着老龄犬越来越多，最重要的就是如何让这些狗狗能够幸福地安度晚年。当然，最基本的就是要延长狗狗的生命，让它们能够多陪我们一段时间，但更重要的是如何让狗狗的晚年生活过得更好。

这一节将围绕如何让宠物多陪我们一段时间，如何让其舒适地度过晚年，如何幸福地离别进行讲解。

🐶 健康检查的重要性

为了能够让宠物健康地生活，让它们多陪我们一段时间，健康检查的重要性就不言而喻了。像各种癌症、心脏病、肾功能不全、糖尿病等威胁老龄犬生命的疾病如果能够早期发现，大部分都是可以治愈的，好好进行疾病管理，是可以延长寿命的。

宠物是不会说话的，而且疾病的初期是几乎看不到症状的，所以主人很难察觉到。随着病情的发展，很多主人都是等狗狗出现严重症状的时候才带它们去宠物医院，可是这时基本已经束手无策了。

▎健康检查的对象和次数

7～8岁的宠物如果换算成人类的年龄，是40～50岁。这个岁数的狗狗最好每年都进行一次体检。虽然可能会有人说"用得着那么频繁吗？"但狗狗的一年相当于人类的四五年，所以其实也并不是那么频繁。

如果有基础疾病或在体检中发现问题，那就需要和兽医进行商议，决定复查的时间。

▎老龄犬健康检查项目

健康检查项目每个医院都会有所差异，但老龄犬的检查项目基本包含以下几项。

- 体检——先用肉眼观察是否有异常。观察皮肤、眼睛、耳朵、

听诊

鼻子、口腔等部位的情况，看看是否有肿块、伤口、炎症等。观察步行的状态和姿势，判断狗狗是否有疼痛。测量体温，判断是否有发热或低体温症。通过听诊可以判断心脏和肺部是否有异常。

测量血压

- 测量血压——各种疾病都会引起高血压或者低血压，通过测量可判断血压是否正常。
- 血液检查——通过肝脏、肾脏等内脏的指标，能够判断是否有贫血、炎症、酸中毒、碱中毒等。

血液检查（采血及血液检查专用机器）

- 影像检查——通过放射线、彩超等检查，可以确认胸腔、腹腔内各个脏器的构造和位置，判断是否有肿瘤，骨头和关节处是否有异常，体内是否有结石等。

影像检查（放射线）

影像检查（彩超）

● 尿检——通过对小便的检查可以判断泌尿系统是否有感染、结石、糖尿病、肾功能不全等疾病。

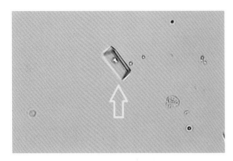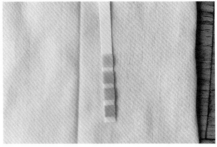

尿检（验尿卡）

● 心脏功能检查——通过心脏彩超、心电图等精密检查可以判断狗狗的心脏功能是否有异常。心脏疾病多发生于老龄犬，如果不能进行适当的治疗会非常危险，所以诊断尤为重要。

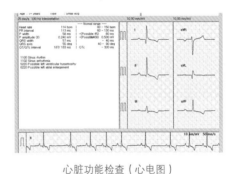

心脏功能检查（心电图）

● 眼科检查——眼泪的量、眼压、角膜染色、检眼镜等检查可以判断狗狗的视力，以及角膜、结膜、视网膜等眼睛内部的异常情况。

眼科检查（检眼镜）

- 牙科检查——确认狗狗是否有牙结石和牙周炎，通过牙齿放射线的检查还可以看到牙根处是否有异常。

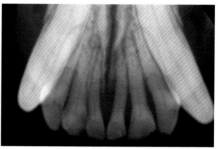

牙科检查（放射线）

上述项目是老龄犬健康检查最基本的项目。如果在检查中发现异常，那就需要进行更加精密的检查，譬如血栓检查、各种取样检查、激素检查、内镜检查、CT、MRI影像检查等。

通过健康检查能够发现的各种重症疾病：

- 心脏疾病（瓣膜疾病，肥大性、扩张性心脏病，心包积液）。
- 肿瘤（心脏、肺、胃、肠、肝、肾、脾、肾上腺、膀胱等内脏的肿瘤，骨头或关节的肿瘤，皮肤及肌肉的肿瘤等）。
- 激素检查（肾上腺皮质功能异常、甲状腺功能异常、胰腺功能异常、糖尿病）。
- 脏器功能及构造异常（肝功能不全、肾功能不全、胰腺炎、胆囊闭锁、前列腺异常、子宫异常）。
- 关节炎、脱臼、半脱臼。
- 青光眼、白内障、干性角结膜炎、葡萄膜炎、视网膜异常。
- 牙周炎、牙根脓肿等牙根病变。

神经系统的疾病很难通过基本的健康检查发现。

有人问我，为什么我家狗狗会偶尔出现四肢麻痹或痉挛等症状，但在不久之前的健康检查中并没有发现任何异常。遇到这种问题，我只能遗憾地说，大脑、脊髓、椎间盘等神经系统的疾病是没有办法通过基础检查发现的。很多情况下，在基础检查中没有发现任何异常，而通过CT、MRI影像等更加精密的检查才发现大脑、脊髓的病变。但因为这些检查需要麻醉，会有很沉重的经济负担，所以一般不建议频繁检查。

如果怀疑有这些疾病，最好和兽医进行沟通之后再进行检查。

通过健康检查发现早期疾病

"小嘴巴"的故事

"小嘴巴"的样子

10岁的马尔济斯犬"小嘴巴"因为要洗牙来到了宠物医院。但是，在体检的时候发现它的心脏有杂音，于是推迟了需要麻醉的洗牙环节，先对狗狗进行了综合性的健康检查。检查结果显示，狗狗患上了心脏瓣膜疾病。

医生问主人，平时狗狗在家有没有什么异常。主人回答说，最近狗狗除了总咳嗽之外，没有什么异常。可能是因为狗狗年龄大了，觉得咳嗽也不是什么大病，就没在意。在很多情况下，心脏的疾病即使进展到一个相当严重的程度，也依旧会没有任何症状，或者症状很轻微，不会被人发现。但随着病情的进展，会越来越难掌控，甚至威胁生命，所以像"小嘴巴"这样进行早期检查是很重要的。

虽然"小嘴巴"的洗牙推迟了，但通过药物控制了心脏的疾病，现在生活得也很不错。虽然心脏疾病不能够治愈，但是"小嘴巴"的疾病被早早地发现了，通过药物进行疾病管理，可以延长生命，提高生活质量。

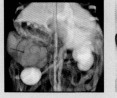

"巧克力"的脾脏肿块

"巧克力"的故事

10岁的西施犬"巧克力"在综合健康检查中被发现脾上有个肿瘤。肿瘤有5cm，相当大，同时发现周围的淋巴结也变大了。如果脾上的肿瘤变大、破裂，会造成大量出血，危及生命。如果是恶性肿瘤，还会转移到其他内脏上，所以重点是要早发现早治疗。幸运的是，"巧克力"的肿瘤并没有转移到其他内脏上，其他的检查也显示正常，只需要马上手术，摘除脾即可。摘除之后，通过病理检查得知肿瘤是良性的血管瘤，得以治愈，现在狗狗生活得很幸福。

 医生的建议

保存检查结果！

很多主人花了昂贵的费用和宝贵的时间给狗狗进行检查，然而过了不到一年就想不起来到底做了什么检查，狗狗哪里不舒服了。健康检查的结果在狗狗不舒服或者下一次检查的时候都是很重要的资料。可以更加仔细地对上次有问题的地方进行检查，如果这期间又出现了新的疾病，也可以给治疗提供重要的信息。不仅如此，在转院或有紧急情况发生需要去其他医院的时候，最新的健康检查结果也能够传达很多东西。所以在健康检查之后一定要好好保管检查结果！这对确认狗狗的身体健康和下一次的诊断和治疗非常重要。

🐾 老龄犬的健康管理

为了让宠物能够过一个幸福的晚年，平时的健康管理和疾病的治疗同样重要。如果狗狗的心脏不好，一边吃着心脏药，一边又吃人吃的咸味食物，那肯定对狗狗的健康不好。说是为了狗狗的健康好，却又强迫狗狗做一些勉强的运动，也很容易给狗狗的关节和脊椎带来伤害。为了狗狗的幸福晚年，我们要怎么做呢？

老龄犬的健康管理，要从什么时候开始

"我家狗狗虽然10岁了，但是依旧能吃能跑。即便如此，也要把它看成老龄犬吗？"

我经常会遇到这样问的主人。一般狗狗的生理年龄超过7岁就被视为老龄犬了。但根据狗狗的大小、品种、健康状态等因素，健康管理的时间也有很大不同。一般大型犬比小型犬老化更快，所以需要较早进行健康管理。有的狗狗虽然年龄小，但是身体健康状况不好，或者有基础疾病，这种情况也需要按照老龄犬的管理方法进行照顾。

综上所述，狗狗步入老年的时间需要根据狗狗的身体情况和状态进行主观判断。如果狗狗运动明显减少，动辄气喘吁吁或很容易疲劳，检查后就要着手按照对待老龄犬的方式照顾。

老龄犬的饮食管理

让狗狗充分摄取水分

帮助狗狗充分摄取水分。常备干净的凉水，如果狗狗平时不喜欢喝水，就给狗狗喂一些湿饲料或者在干饲料中兑一些水。

这样可以防止脱水，增加血管流量，对肾脏功能有所帮助，还可以降低发生胆结石、肾脏和膀胱结石的概率。

根据身体状态给狗狗提供处方食品

老龄犬的疾病当中有很多都需要进行饮食管理。心脏、肾、肝、胰腺的疾病，关节炎，肥胖等都是代表性的疾病。

因为处方食品是根据疾病的特性增加或限制营养素的供给，并追加一些对治疗疾病有所帮助的补充成分，所以对疾病管理有所帮助。

限制狗狗吃人类的食物

人类的食物大部分对于狗狗来说都是高热量、高盐、高糖、高脂肪的。这些食物会损害狗狗的心脏、肝、肾、胰腺等脏器。即使吃了处方食品，但如果持续把人类的食物当成零食喂给狗狗，那处方食品也起不到任何作用。

尽可能避免给狗狗吃烹调过的食物，可以把水分多的黄瓜、西蓝花、没有咸味的鸡胸肉给狗狗作为零食吃。

▌老龄犬的运动管理

老龄犬的心脏、关节、脊髓等都已经老化。对于这些狗狗来说，不能进行登山、上台阶、翻越障碍物、接飞盘等剧烈的运动。这些运动会让它们的关节炎或脊髓疾病恶化，还会增加心脏的负担。老龄犬可以参考下面的运动方法。

减少运动时间和强度，增加运动次数

对于老龄犬来说，需要减少运动时间和强度，增加运动次数。减少整体的运动量，热量的消耗也会减少，所以就会变胖，但增加运动次数，就可以维持整体的运动量了。

建议一次运动10~20分钟，每天2~3次。

感到疲惫的时候马上停

如果狗狗呼哧呼哧地喘息严重，或者舌头发青，不愿意走路，应立即停止运动，休息或回家。

即使老龄犬的运动量相同，但个体的健康状态有所差异，也会带来身体负担。现实中也出现过老龄犬在散步时突发休克或猝死的情况。

如果感觉比平时更加疲惫，就千万不能强制狗狗运动。

让狗狗在熟悉的环境中运动

我们有时会为了让老龄犬出门放松一下，带它们去一个新的地方。这时

它们十之八九会感到不安，而不是兴奋。大部分老龄犬眼睛看不清楚，耳朵听不清楚，所以会对新环境感到害怕，产生很大的压力。最好带狗狗去一个熟悉的环境，让它们舒服自在地运动。

最好带狗狗游泳，这样不会给关节造成负担

如果狗狗的关节炎严重，那走路时就会感到痛苦。但如果因为走路疼痛就不让狗狗经常走路，就会长肉。长肉对关节就更不好了，这样一来就陷入了反反复复的恶循环中。

在这种情况下，选择关节不负荷体重的游泳为宜。游泳或在水中行走不仅不会给关节带来负担，还会增加运动量，对患有严重关节炎的狗狗来说，是最好的运动方法。

在家游泳可以吗？

很多朋友一想到游泳或在水中行走就会觉得非常麻烦，觉得是一件不可能的事。然而我并不是要让大家带狗狗去一个超级大的游泳池中。如果是小型犬，在家游泳就足够了。在浴缸里把狗狗立起来，此时，要先让狗狗能够熟悉温水盖过背部的感觉，然后让狗狗在浴缸里慢慢行走。或者在浴缸里灌满水，给狗狗穿上救生衣让它浮起来；再或者用毛巾垫在狗狗肚子的位置，轻轻提毛巾的两侧帮助狗狗浮起来。

根据狗狗的身体状态，一次游泳可以进行10~30分钟，每周1~2次为宜。

▍和医生搞好关系

狗狗小时候或者身体健康时，是不怎么去医院的。即使去医院也是驱虫，或者因为耳朵或皮肤等小的疾病顺便去一下。但随着狗狗年龄增长，会出现各种各样的问题，去医院的机会也会越来越多。经常去医院这件事给狗狗和主人都会带来很大的压力。这种压力虽然不得不承受，但尽可能选择一家让主人和狗狗都感到舒适的医院作为日后的定点医院。另外，对于老龄犬来说，身体的问题不是一点两点，还需要综合的身体管理，所以最好选择一位能够持续对狗狗身体状态进行照料的主治医生。

▌喂药管理

老龄犬会有心脏、关节、激素等疾病，所以会吃很多药。老龄犬的药物大多数是需要长期服用，需要进行终身管理。突然停药或间断地喂药可能会引发严重的副作用，所以绝对不能轻易停药。特别是心脏病和降压的药物，如果停药会让病情急剧恶化。如果涉及下列的药物，请一定与主治医生商议，如果随意进行药量调节和管理，对狗狗非常危险。

需要长期服药的疾病

心脏病、高血压、激素疾病（肾上腺皮质激素异常、甲状腺激素异常、糖尿病）、慢性肾功能不全、劳损性关节炎、椎间盘疾病、惊厥、皮肤过敏等。

▌眼睛、耳朵、口腔管理

狗狗年龄大了，眼屎会变多，耳朵也会有味道，还会长牙结石。如果觉得这是没有办法的事而不去管，那只会让病情加重。不仅异味和炎症会更加严重，还会造成二次感染危及生命。如果稍微注意一下进行管理，就会让狗狗恢复健康的生活。

眼睛

随时用眼睛专用清洗剂清洗眼屎。如果眼睛干燥，眼屎会更多。推荐使用能够治疗眼球干燥症的眼药水或眼药膏。

如果对眼屎放任不管会怎样?

会感染结膜,甚至角膜。眼屎周围还会出现皮炎。

耳朵

用耳朵专用清洗剂经常清洗耳朵。如果用棉签清理反而会让耳朵内侧受伤,用清洗剂按摩后,只需要掸一掸就清洗干净了。

如果对耳朵疾病放任不管会怎样?

不仅会造成狗狗的听力丧失,严重时还会发展成内耳炎,导致脖子扭转、眼球震颤等神经症状。

口腔管理

最好是经常给狗狗刷牙。随着年龄的增长,麻醉会对身体产生越来越大的负担,所以不能经常给狗狗洗牙。因此每一次洗牙的机会都要格外珍惜。牙结石严重的话,无论怎么刷牙都没有用,所以在洗牙之后一定要经常给狗狗刷牙,才能减少牙结石的产生。如果刷牙困难达不到效果,可以选用一些美味的牙膏,或者选一些可以减少牙结石产生的饲料、玩具等,也不失为一个好办法。

如果对牙结石放任不管会怎样?

牙龈会发炎,导致牙齿松动,严重时牙齿会脱落。牙结石的细菌会通过牙龈感染给狗狗,导致狗狗患心内膜炎,危及生命。

适合老龄犬的营养品

Omega-3、Omega-6脂肪酸

Omega-3脂肪酸被称为"灵丹妙药"，对全身上下都有益处。特别是能够缓解关节、胃肠道、胰腺的炎症，还具有改善皮肤的效果。

- 减少过敏、自体免疫性疾病。
- 缓解关节炎。
- 改善皮肤和毛质。
- 缓解霉菌性皮肤病。
- 预防皮肤过敏。
- 增强视网膜和视神经。
- 缓解心脏病、抑制血栓、缓解高血压。
- 降低肿瘤的转移率。
- 降低中性脂肪和胆固醇。

抗氧化剂

含有维生素A、C、E，硒，辅酶Q10等成分的抗氧化剂可以延缓身体的老化，特别是大脑的老化。因此可以预防被称为"狗狗痴呆症"的认知功能障碍，延缓病情的进展。

关节保健品

氨基葡萄糖和软骨素这种关节保健品可以再生软骨，预防出现新伤，让关节更加润滑，延缓关节炎的发展。推荐患有严重的劳损性关节炎的狗狗服用。

护肝保健品

虽然肝很容易损伤，但是也是恢复最快的脏器。含有SAMe（S-Adenosyl-L-Methionine，腺苷甲硫氨酸）和蓟素的护肝保健品对恢复肝损伤有帮助。这些保健品对于在健康检查中肝脏的各项指标超标的狗狗很有用。

膀胱保健品

有很多狗狗患有复发性膀胱炎。对于这种慢性膀胱炎，抗生素等药物并没有明显效果。如果终身服用那些有毒素的药物，主人心里也是不舒服。使用树莓等天然成分制作的，能够很好地对抗细菌性感染和炎症的保健品会对治疗该病有所帮助。

医生的建议

如果打算服用保健品，一定要和兽医确认剂量和使用方法！

保健品不是药物，没有那么危险。但市面上销售的保健品有一部分的品质并不是很好，会出现很严重的副作用。如果过量服用保健品或服用不当反而会有不好的效果，所以在喂给狗狗之前一定要和兽医进行商谈。

 **理解老龄犬的行为变化——痴呆**

有很多宠物上了年龄会出现一些奇怪的行为。最具代表性的行为有，狗狗对着天空突然乱叫，独自发呆的时间增加，大小便很会自理的狗狗突然不能自理等。原本以前认为是年龄大了所导致的问题，现在可能由于功能退化，也就是所谓的痴呆所导致。研究表明，11~16岁的狗狗中有62%左右最少患有一种痴呆的症状。

我们没有办法阻止痴呆的发生，也没有办法治愈。但如果发现得早，持续管理病情，可以延缓病情的进展，让狗狗晚年生活的质量提高。

痴呆的早期诊断 CHECK LIST（确认狗狗是否痴呆）

早期诊断表

意识状态的变化	对着走廊和墙壁发呆
	对着天空乱叫
	总是躲在角落里
	到处徘徊
	对熟悉的东西也容易混淆
	认不出家人，原来能听懂的话现在听不懂了
和家人的关系	冷漠
	对事物漠不关心（不再高兴地迎接家人）
	不再参与平时喜欢和家人一起做的游戏和活动
睡眠	晚上不睡白天睡
	晚上吼叫
	睡一整天
训练	随处大小便
	外出时感到很混乱，对散步等变得漠不关心
行为变化	玩的时间减少
	变得焦躁不安，有攻击性

出处：Florida Veterinary Behavior Service Lisa Radosta DVM，DACVB

上述列表中的症状只要符合一项，就很有可能患上了痴呆症。最好和兽医进行商谈，尽早进行疾病管理。

治疗和管理

众所周知，痴呆是没有办法治愈的，也没有办法阻止其进程。但如果发现得早，管理得好，可以延缓病情的进展。

重点是每天要进行规律的活动

若要刺激大脑活动，转换心情，增强体力，最好每天让狗狗散步、玩喜欢的玩具，或做一些以前经常做的训练，来回反复。

给狗狗各种各样的抗氧化剂

含有维生素、硒、类黄酮、β-胡萝卜素、类胡萝卜素、Omega-3、肉碱等的抗氧化剂会对狗狗有所帮助。

也可以给狗狗服用一些美国治疗人类帕金森的药物——司来吉兰。

这些抗氧化剂和保健品很难被看作是治疗疾病的药物。它们只能缓解症状，延缓疾病的进展。一般服用3周以上就能看到效果。

🐶 给狗狗创造一个舒适的晚年环境

松软的床垫

大部分老龄犬的关节和脊柱都会疼痛。随着年龄的增长还会消瘦，骨骼也会更加明显。如果给狗狗准备一个松软的床垫，不仅会减少狗狗的疼痛，还会给狗狗创造一个舒适的环境。

特别是对活动不便的狗狗来说，躺在坚硬的地方很容易生褥疮，所以最好还是躺在软和的地方。

经常给活动不便的狗狗翻身

身患重症或者高龄狗狗的活动都不方便，很难自己翻身。如果只朝一侧躺着就会生褥疮，血管内出现血栓的可能性也很高。如果褥疮和血栓严重，可能会危及生命，所以最好提前预防。

最好的预防方法就是给狗狗提供一个松软的床垫。这一点上文已经提到过了。其次就是要经常给狗狗翻身。如果可能的话，每2~4小时给狗狗翻一次身。这样就可以在一定程度上减少褥疮的发生和血栓的形成。

去掉门槛、障碍物等

老龄犬步行不方便，视力也有退化。即使是平时经常走的路，也总会撞到障碍物，或被门槛绊倒。如果经常撞到或被绊倒而受到外伤，就会对生活的空间感到恐惧，产生压力。另外，老龄犬即使受到很小的冲击，也会留下很大的外伤，并且不好治疗，所以尽可能避免磕碰。老龄犬的生活空间，特别是通往吃饭、排便的地方，最好不要有任何的障碍物。

配备台阶

如果可能的话，最好不要让老龄犬上床、沙发或者高处。因为狗狗跳下来的时候，会给关节和脊柱带来冲击。

但如果狗狗从小就一直在沙发和床上蹦来蹦去，那不让它上去也并非易事。狗狗已经把这些地方当成了自己的空间，我们很难掌控。

此时我们最好给它们配备室内台阶，便于它们轻松地到沙发和床上，再轻松地下来。当然，最开始狗狗肯定不适应使用台阶，所以要把狗狗可能跳下去的地方都给堵住，等熟悉了使用台阶之后，也就能很快适应了。经过几次练习，狗狗就能够很舒服地通过台阶上下，也会感觉到很方便了。

地面不能太滑

老龄犬的腿部力量不足，很容易滑倒。腿部没有力气，就会打颤。对于这样的狗狗来说，大理石这种光滑的地面就非常危险。狗狗很容易滑倒，如果滑倒，就容易造成韧带破裂、脱臼、关节炎恶化等重症疾病。如果颈部和腰部出现问题，就会导致严重的疼痛甚至麻痹。

所以最好不要让家里的地面太过光滑。准备一些地毯、地席、垫子之类的铺好。

准备充足的玩具

如果你认为"反正狗狗的眼睛也看不见，还没有什么力气，有必要给它准备玩具吗"？那你可就大错特错了。狗狗年龄越大，就越要在睡觉的地方放置更多的玩具。能够引起狗狗兴趣的玩具或布偶越多越好。数量多，就越容易引起狗狗的兴趣，狗狗玩的可能性就越大。狗狗玩这些玩具可以缓解它的压力，刺激大脑活动，对缓解痴呆也会有所帮助。

准备好幸福的离别

我作为一名医务工作者，看到了很多的生离死别。有因为交通事故而失去狗狗这种突然的离别，也有因为高龄或癌症等疾病需要慢慢准备离别的情况。离别不分大小，比起忽然的离别，能够有准备离别的时间就应该感恩了。

虽然一想到要和自己的宠物告别心里就不是滋味，但这也是不可避免的事。

如果离别的时间临近，与其只会伤心难过，不如准备好一场幸福的离别。

多抱抱狗狗，多叫它的名字

剩下的时间不多了，请多抱抱狗狗，多摸摸它，多叫叫它的名字。如果狗狗已经痴呆，不认识主人了，意识也不清醒，那也会下意识在某一瞬间记起以前与家人的回忆。实际上，在昏睡状态或痉挛时，只要家人一叫它的名字或抚摸它，狗狗就会出现心跳和呼吸次数的变化。记住，一定要抱着狗狗，让狗狗听见你有多爱它！这比任何治疗都能给狗狗带来更大的慰藉。

给狗狗创造最幸福的一天

让这一天成为宠物和家人最幸福的一天！没有必要去旅行或者做一些容易劳累的活动。可以在狗狗最喜欢的地方，做它最喜欢的事，给它准备最爱的食物。将这一天变成没有拘束、可以开怀大笑的幸福一天。狗狗离开时，这段幸福的记忆就会冲散离别的阴霾。

重视在家中的临终关怀

对于老年病和疾病晚期的狗狗，已经没有治疗的必要了，但依然有主人抱着不能轻易放弃的想法让狗狗入院治疗，结果没能和狗狗共享最后一段时光，真是十分可惜。此时应该和兽医进行商谈，然后决定哪条路是最适合狗狗的。每只狗狗的情况都有所不同，但如果没有更好的治疗效果，只能够延长生命，那么家里的临终关怀护理会让狗狗在生命走向尽头时更加舒适。与其为了延长生命进行治疗，还不如让狗狗在家人的陪伴下，拥有一个更舒适的离别。

多拍一些照片

多留下一些珍贵的照片，在想念狗狗的时候可以回忆。在狗狗离去之后，比起狗狗小时候的可爱模样，我最怀念的是狗狗离开前老去的模样。虽然那时的狗狗已经老了，满脸疲惫，但在我的眼中，它是最可爱的。多拍一些狗狗看着主人的照片，给狗狗生命的尾声画上圆满的句号。

留下一些狗狗存在过的痕迹

虽然个人认为回忆的最好方法就是多拍一些照片，但如果想留下一些具体的记忆，可以把狗狗的脚掌托放到模具中做成脚印，然后用相框装裱起来。或者保存一些狗狗的毛发或骨头。

3
关注狗狗的心理健康

　　狗狗有时会狂吠、砸家里的东西，甚至还咬人……这些问题过去被认为是奇怪的行为。我们当然没有意识到这是需要治疗的。但是这些问题的出现比起身体上的折磨，会给主人带来更大的心理压力，使得主人和宠物一起生活变得很吃力。请不要放弃有心理问题的狗狗！只要用正确的方法对待，去治疗，一切都会变好的。

🐶 基本的行为，读懂表情

　　狗狗虽然不能像人一样灿烂地笑，悲伤地哭，但是它们会用身体来表达自己的感情。如果留心观察狗狗的身体姿势和表情，就能够读懂你的狗狗现在是什么样的心情。表达下列这些感情的特征基本类似，只要稍加注意，就能够读懂。

| 幸福

　　狗狗感到幸福、心情好、不紧张时，全身的肌肉会很松弛。

● 面部表情：脸部肌肉松弛，嘴微微张开，嘴角上扬看起来就像在笑。兴奋的时候会轻轻地哼喘。耳朵接近原本的状态。

● 尾巴：摇着尾巴，或者把尾巴卷成圆形。

● 身体：不会因为紧张而显得大，也不会因为收缩而显得小，而是会保持正常的尺寸。

▎警戒

狗狗紧张或呈现出警戒状态时，会停止活动，集中精力看向一个地方。

● 面部表情：耳朵向前竖起，嘴巴紧闭，凝视一个地方。

● 尾巴：尾巴不动，很自然地抬起来或者挺直。

● 身体：保持身体直立，将体重稍微放在前腿上，抬起脖子和头部。

兴奋

和警戒的状态类似，但会更加调皮一些。

● 面部表情：竖着耳朵张开嘴，有时也会哼喘。身体虽然激烈地活动，但是视线总是看向令它兴奋的地方。

● 尾巴：尾巴会随着兴奋程度而摇晃。

● 身体：将体重放在后腿上，以便于随时能够轻松移动。臀部有节奏地摆动，或者转圈抓自己的尾巴，又或者跳跃来表达兴奋的心情。

恐惧

狗狗感觉恐惧时会将身体缩到最小。

● 面部表情：耳朵向后翻，眼睛不去对视。有的狗狗通过打哈欠，有的通过不停地舔嘴唇来消除恐惧。

- 尾巴：将尾巴卷进身体当中。
- 身体：背部弯曲，全身肌肉紧张，重心向后移，身体收缩。

▎优越感

将身体伸展到最大限度，让自己看起来比人或者其他狗狗更加厉害。

- 面部表情：盯着目标看，耳朵向前竖起，嘴巴紧闭，狂吠不止。
- 尾巴：尾巴翘得很高，且微微发抖。
- 身体：为了让身体看起来很高大，会努力踮起脚。将体重平均分配到四肢，让四肢看起来都很有力气。

服从

表现服从的时候，会蜷缩自己的身体，不和目标对视。

● 面部表情：将耳朵折在两侧，不和目标对视。

● 尾巴：尾巴降到最低，夹到两腿中间。

● 身体：将腰弓起，身体蜷缩趴在地上。如果完全服从，会仰面朝天，露出腹部。站立的时候，脚会轻轻地踩在地面上。

攻击性

当狗狗表现出优越感或恐惧感的时候，会出现积极的攻击或防御性的攻击。

感受到恐惧时的攻击

当狗狗感受到恐惧或害怕时，它会突然攻击。当狗狗害怕却无处可躲时，攻击性就会显现出来。虽然在没有躲避之处时，狗狗会通过咆哮来表现攻击性，但与积极的攻击相比，这种攻击性是在不断寻找可躲避之处的过程中的一种防御性的攻击。

积极的攻击与防御性的攻击

当狗狗感受到优越感时就会狂吠，使劲露出牙齿。体重会放在前腿上，以便可以随时跃起。

🐶 分离焦虑——不想和主人分开

有的狗狗会在家中没人时乱吠，严重时还会撕咬家中的物品。即使到了医院，如果和主人分开，也会流着口水乱叫，或者还有的狗狗会兴奋地哼喘。以前人们认为这样的行为是"过于敏感"或者是"没有训练好"，但事实上这种症状大部分是一种叫作"分离焦虑"的行为学疾病。

分离焦虑的症状

平时狗狗和家人在一起的时候，看不到任何分离焦虑的症状，但如果自己独自待在家里时就会出现异常的行为。

- 即使大小便很规律的狗狗，独自在家时也会随地小便。
- 比平时更加严重地乱吠。
- 有嚼碎、挠破家里的东西或墙壁，或者挖地的行为。
- 有的狗狗想要躲起来，或者来来回回地走。还有的狗狗一直转圈。

● 平时不吃屎的狗狗自己在家会吃屎。

为什么会出现分离焦虑

现在还没有找出确切的原因。但比起从小就被主人用心呵护的狗狗，领养的流浪狗更容易出现分离焦虑的情况。从这一点来看，可以推测造成这种现象的原因可能是狗狗小时候没有获得亲密关系，没有得到保护，对生存感到不安。

除此之外，还有可能有如下原因：

● 经常换主人（经历过反复多次的弃养与领养）。

● 经常更换居住地（频繁搬家）。

● 独处的时间经常变化。

● 家庭成员变化。

以下4点，帮助狗狗缓解分离焦虑

外出前先带狗狗散步

外出之前带狗狗散步可以消解狗狗的兴奋和过剩的精力。可以让狗狗在家更好地休息。

不要抚摸狗狗！不要和狗狗说话！不要凝视狗狗！

外出之前或者回家之后是狗狗最兴奋的时候。这时如果和狗狗一起玩，狗狗的兴奋值就会达到最高潮，甚至还有的狗狗会滴尿。这种兴奋会加剧分离焦虑。

外出之前或之后要"无视"狗狗。不要抚摸它，不要和它说话，也不要盯着狗狗看。过5~10分钟之后，狗狗情绪安定下来，再去和狗狗进行互动。有的狗狗兴奋时间会持续一个小时，所以"无视"狗狗的时间也要因狗而异。

心平气和地劝导

如果以上方法完全不管用，可以试试在外出前心平气和地劝导狗狗。譬如主人马上就会回家，你自己在家完全没有问题，主人有多爱你……但凭我个人经验来看，这个方法并不是十分奏效。比起劝导狗狗，好像更能够安慰主人自己吧。

安静的行动、坚决的话语

外出之前安抚狗狗会加重狗狗的焦虑。要用安静的行动、坚决的语言让狗狗觉得这没什么。安静、坚定、冷漠的行为可以让狗狗感到更放松，因为它们意识到这是一个定期的日常活动。

如果上述方法都不管用，最好向专家请教。

不要对狗狗强压训练或训斥它！

拖着疲惫的身体回家的时候，看到家里乱七八糟的样子当然会生气。但是如果因为这而批评狗狗，还觉得狗狗只是个出气筒，没什么大不了的，那可就不对了。分离焦虑并不是一种反抗的心理行为，所以不要对狗狗生气或者想要狗狗服从，这会让狗狗感到更有压力。对狗狗发火就会给它施加压力，症状当然会更加严重。

不停地乱吠

有的狗狗在门铃响了或者客人来了的时候，又或者没有任何理由，就忽然开始乱吠。乱吠问题是引起邻里关系不和谐的最大根源。狗狗为什么会乱吠呢？有没有什么好的办法可以防止狗狗乱吠呢？

▌为什么会乱吠

狗狗乱吠的原因多种多样。是在告诉别人有危险、兴奋、想去玩、发火、对命令的回答、引导一群人时，会发出的本能反应。就像人类会说话一样，狗狗叫也是一种很正常的行为，不能够无条件阻止。可以引导狗狗在适当的时间场合去叫。但如果没有任何理由就乱吠，或者对周围（例如，门铃声）的反应过于敏感而乱吠，又或者持续乱吠很久的话，就会给家人带来负担，也会给邻居的生活带来不便，这就需要帮助狗狗改正乱吠的毛病。

▌狗狗乱吠时这样做

如果狗狗安静下来就给奖励

狗狗不叫时可以给它最喜欢的零食作为奖赏。此时最重要的是给零食的时机。如果狗狗正在叫的时候给它零食，他会认为只要叫就会得到奖励，那它就会更加用力地叫。要让狗狗清醒地认识到，安静的时候会得到奖励，乱叫的时候什么都没有。如此反复，等狗狗熟悉了之后就会慢慢减少乱叫的次数，为了得到零食，狗狗就会很快安静下来。还有的狗狗只要一听到零食包装袋的动静，就会立刻停下叫声，等着吃零食。

将狗狗的兴趣和注意力转移到其他地方

可以给狗狗喜欢玩的玩具，也可以将球抛到远处让狗狗去捡，总之要把它的注意力转移到其他地方去。狗狗玩玩具或者捡球的时候，会占用嘴巴，自然也就不会再叫了，所以这个方法十分奏效。但要注意的是，不要在狗狗乱叫的时候给它玩具，这样会让狗狗认为这是对它叫的奖赏，狗狗会叫得更加厉害。重点是要在狗狗停下不再叫的时候再给玩具，或者让狗狗到其他空间并停止乱叫时再和它一起玩。狗狗熟悉之后就知道，一拿玩具就是要玩的意思，这样它就不会再叫了。

使用口鼻牵绳（Gental Leader）

口鼻牵绳在国内很少见，但在美国会被经常用来训练狗狗。口鼻牵绳就是如旁边的图片所示那样，将狗狗的脖子和嘴部周围捆到一起的绳子。但又和宠物口罩不同，它是可以让狗狗自由张开嘴巴的绳子。一拉绳子就可以让狗狗闭上嘴巴。如果狗狗乱吠，就可以轻轻拉一下绳子，让狗狗闭上嘴；或者让狗狗从受到刺激的地方转过头来，对乱吠确实有所帮助。

特别是在狗狗散步的时候，如果遇到其他的狗狗和人并对着他们乱叫，这个方法就特别有用了。

使用防叫项圈？

最后一个方法就是使用防叫项圈。这个项圈可以在狗狗乱叫的时候发出难闻的气味或者电流刺激。虽然对防止狗狗乱吠有所帮助，但会给狗狗带来负担，引发其他的"问题行为"，所以使用之前一定要和兽医进行商议。

不要对狗狗吼叫！

狗狗乱叫的时候，如果主人对它喊"安静点！"，会更加刺激狗狗，让它更加兴奋。狗狗也会因为自己发出的声音而越来越亢奋，会叫得更大声。所以主人如果大声吼叫，反而会刺激狗狗兴奋点，让狗狗误以为主人在和它玩耍，说"再大声叫叫看？"的意思。不要对着狗狗大声吼叫，按照上述的方法训练狗狗即可。训练期间可以用安静的行动和坚决的语言命令狗狗，譬如反复说"安静！""肃静！"之类的命令词，是个很好的办法。

🐶 狗狗咬人

狗狗咬人会直接给人带来伤害，所以必须要好好训练狗狗。咬人的狗狗大部分都会咬家里人，特别是幼犬更容易咬人，这也是将狗狗遗弃的主要理由之一。

狗狗为什么会咬人

占有欲

为了表达对自己喜欢的人、食物、玩具等各种各样事物的占有欲。如果有人碰了或者拿走狗狗的东西，就会激起狗狗强烈的愤怒，狗狗就会马上发起攻击。这种情况不在少数。特别是在觉得自己比其他狗有优越感的狗狗身上经常发生。

恐惧

对不认识的人、地点感到恐惧的时候就会出现攻击性。特别是在宠物医院，更容易激发狗狗的攻击性。

疼痛

狗狗身体不舒服的时候，触摸狗狗会让狗狗更加敏感，狗狗会马上进行攻击。

母性

刚生完幼犬的狗妈妈在给幼犬哺乳的时候，防御本能达到了最高值。此时如果带走幼犬或者抚摸幼犬，狗妈妈就会咬人。

狩猎本能

狗狗在突然移动或奔跑时，会因为本能追上去咬人。特别是幼犬在奔跑或行动的时候，或者地位相对较低的狗或猫在行动的时候，更能表现出这种狩猎的本能，所以要格外小心。遗弃犬或者长时间在野外生活的野生犬会有更加发达的狩猎本能，所以在户外活动时要小心。

▍减少狗狗乱咬人的方法

给狗狗做绝育手术

如果没有让狗狗生育的想法，做绝育手术是减少狗狗攻击性最好的方法。因为这样可以减少不必要的性欲，让狗狗释放压力。

必须要进行规律的运动和散步

进行规律的运动和散步可以增进狗狗与家人之间的关系，还可以释放过多的能量和压力，会对减少狗狗咬人的行为有所帮助。但如果运动过度（摔跤之类）或者过分开玩笑（逗乐），会增加狗狗的攻击性，一定要禁止。

对狗狗进行简单的训练大有裨益

训练狗狗"坐下""等着""伸手"等简单的动作，可以让狗狗认识到上下级关系，会大有裨益。

避免做一些刺激狗狗的行为

因为有趣或者为了改掉狗狗的一些习惯而故意做一些让狗狗讨厌的行为是不可取的。这样不但不会纠正狗狗的行为，还会更加刺激狗狗，增强狗狗的攻击性。

因为疼痛而引发的攻击性需要马上进行治疗

如果看到狗狗疼痛，最好马上带它去宠物医院。疼痛引起的攻击只是临时的，但如果放任不管，会转为慢性的"问题行为"。

如果按照上述方法依旧不能缓解症状，最好向行为学专家咨询并进行治疗。

医生的建议

有咬人行为的狗狗必须接种狂犬病疫苗！

如果狗狗咬人或其他宠物，一定要确认狗狗是否接种了狂犬病疫苗。如果没有接种的，受害补偿金额将会增多，甚至有可能引发法律诉讼。狗狗如果有喜欢咬人的习惯，那不怕一万就怕万一，一定要进行接种，外出时最好给狗狗带上口鼻牵绳或者宠物口罩。

🐶 狗狗出现严重的"骑跨行为"

"骑跨行为"也就是所谓的"Mounting"，大部分狗狗都会出现。当然严重程度也不一样。如果总是出现这样的行为，会让人觉得很难为情。特别是当狗狗的四肢趴在客人身上来回蠕动时，真的想让主人找个地缝钻进去。

怎么做才能让狗狗减少这种行为呢？

▌出现"骑跨行为"的原因

性行为

这是一种性自慰的行为，母狗和公狗都会出现。如果没有做绝育手术，会更加严重，即使做了绝育手术，也依旧会有狗狗有这种行为。特别是做绝育手术比较晚的狗狗和没有做绝育手术的狗狗，这种行为都会比较严重。

玩耍的行为

可以认为是与主人或其他宠物一起玩耍的一种行为。

兴奋或压力的反应，强迫行为

是在新的环境，遇到新的事物和人出现兴奋时的一种压力反应。也是因为压力过大引发的一种强迫行为。

▌减少"骑跨行为"的方法

一定程度的"骑跨行为"是正常的。如果没有什么大问题是不需要纠正的。

转移狗狗的注意力！给它磨牙棒

当狗狗开始出现"骑跨行为"后，马上给狗狗扔一个玩具，或者让它咬磨牙棒，将注意力转移到其他地方，非常有效果。如果狗狗平时接受过一些简单的训练，那就让狗狗按照平时的命令去做，也是一个不错的方法。

换个姿势

如果狗狗趴在人的身上，那就稍微推狗狗一下，或者把它的腿拿下来，换个方向、换个姿势等，都是不错的办法。变换姿势之后，和狗狗之间保持一定的距离，维持1~2分钟比较好。如果狗狗执意要趴在人的身上，那就要严肃地喊"不可以！"然后保持一定的距离。过了1~2分钟之后，大部分狗狗都不会再做了。如果狗狗依旧要趴过来，那就用同样的办法反复几次。

必须要做绝育手术

绝育手术是减少狗狗"骑跨行为"的必要条件。当然，即使做了绝育手术的狗狗，出现的"骑跨行为"也并没有想象中那么少。这是因为狗狗已经形成了这种行为习惯，需要对这些习惯进行纠正。但也不能因此就不做绝育手术。如果不减少狗狗的性激素分泌，那无论用什么样的方法都很难解决这个问题。

4

有问必答！

🐶 除了饲料之外，一定要给狗狗补充一些营养品吗?

Q.我家狗狗很健康，体格也很好，吃饭吃得也不错。可最近出了一些营养品，说是对关节好，对肝好，对皮肤也好。需要给我家狗狗吃这些营养品吗？只给狗狗喂一些饲料不能补充成长所必需的营养吗？

A.市面上销售的狗狗专用饲料大部分都有很均衡的营养成分。所以只给狗狗吃饲料来补充日常生活中所必需的营养是没有问题的。

可是我们人类除了吃饭之外，也会吃一些像维生素、红参等让自己身体更加健康的营养品，狗狗的营养品也是如此。而且当狗狗关节、皮肤、膀胱、肝脏出现问题的时候，为了得到更好的治疗效果，吃一些营养品也是有帮助的。最近老龄犬越来越多，为了延缓狗狗的衰老和痴呆进程，大部分人还是会给狗狗吃一些抗氧化剂。

上述的成分一般的饲料中都不包含，或者含量有限，最好通过营养品来补充。

综上所述，只用饲料来进行日常的营养供给完全没有问题，但如果狗狗出现身体问题，为了得到更好的治疗效果，还是需要补充一些必需的营养品来辅助疾病的治疗。

🐶 给狗狗立规矩 —— 为什么狗狗不把你当回事

Q.我们家奉九不咬爸爸妈妈，但我只要稍微让它不如意，它就追着要咬我。实际上我也确实被它咬过。我觉得它好像没把我当回事，这是为什么呢？

A.你很喜欢的狗狗如果咬你，或者不把你当回事，真的会很伤心。

动物出于本能，都会有一个尊卑排序，并在这个排序中生活，狗狗也是如此。它会本能地给家庭的成员进行排序，然后在排序中找准自己的位置。

如果狗狗没有明确自己的位置，觉得自己比人的地位高，那就会对人进行攻击或乱吠。此外在给狗狗剪趾甲、梳理毛发、洗澡的时候，它也会强烈拒绝并产生攻击性。

因此比起单纯对狗狗好，给狗狗树立尊卑观念也是和宠物一起幸福生活的必修课。

要让狗狗知道，家庭成员的地位都要高于狗狗。如果不树立这个观念，很容易让狗狗攻击那些它觉得地位比自己低的家庭成员。如果狗狗已经树立了模糊的尊卑观念，那就很难更改了。狗狗自己树立的尊卑观念如果想人为地更改，那就需要反复地训练，还需要有耐力。最好向行为学专家请教，然后接受专业的纠正。

挑选好的零食和喂零食的次数

Q.我家狗狗不好好吃饭，就喜欢吃零食。不管怎么说，零食对身体终究是不好的，可以给它吃很多零食吗？

A.零食也不是都不好。但零食总归是零食！不是营养均衡的饲料，所以不能当成主食去吃。现在零食的种类很丰富，还有很多高品质的零食，既然狗狗爱吃零食，那就要选一些好的零食给它。

 医生的建议

什么是好的零食？

所谓好的零食，是里面不能含有那些狗狗不能吃的成分。即使是优质的有机零食、新鲜零食，也不能含有葡萄、巧克力、洋葱之类的东西。

最好选一些化学添加剂和防腐剂含量少的零食。当然，食用期限短、颜色自然的零食是最好的。

一定要查看产品包装后面的成分表。需要确认这些零食是用什么做的。特别是对过敏的狗狗更要用心照顾。

罐装零食和含有蛋白质、水分、糖分的零食不仅会引起肥胖，还会让狗狗的牙齿上长很多牙结石。最好少给狗狗吃一些含有这些成分的零食，如果喂给狗狗，就需要在狗狗吃完之后马上给它刷牙。可能的话，让狗狗多吃一些能够洁牙的，且能够长时间咀嚼的功能性零食。

确定吃零食的次数

首要的原则就是在狗狗不好好吃饲料的情况下再给它吃零食。

除了食欲特别好的狗狗，大部分的狗狗如果吃了零食就会吃很少的饲料或者干脆不吃。要把握住给狗狗零食的量，不能让零食影响到狗狗吃饲料和主食。

要关注狗狗体重的增减。

给狗狗一两块零食吃，狗狗的体重会马上增加。每1~2周一定要给狗狗测量一次体重，要保证狗狗的体重控制在一个合理范围内。

最好带有目的地给狗狗零食

零食可以用在外出、训练或表扬狗狗的时候。

比起无条件给狗狗零食，最好反复教育狗狗，只有在做游戏，或者在一些特殊的情况下才能够得到零食。

这不仅仅起到填饱肚子的作用，也能够起到教育狗狗、给狗狗正面刺激的作用。

一定要让狗狗出去散步吗？运动或散步的强度、时间、次数是什么？

Q.家里人本来就很忙，所以一个月只能带狗狗出去散步2~3次。如果经常带狗狗散步，真的能消解狗狗的压力，有益于狗狗的健康吗？运动量和散步的强度又如何把握呢？

A.和人类一样，散步或做一些适当的运动是维持狗狗健康的很重要的因素。通过运动可以让狗狗的心脏、肌肉骨骼系统更加发达，还可以给生活增添很多乐趣，让狗狗更加健康。

 医生的建议

如何把握运动量？

狗狗和人类一样，比起几周集中运动一次，经常性少量运动对健康更加有益。

如果集中运动，会让狗狗觉得去室外运动是一件很辛苦且无聊的事。如果可能的话，最好经常带狗狗出去，慢慢增加运动量。

如果狗狗身体健康状况良好，可以每周带狗狗出去2~3次，每次30~40分钟，做一些跑跳等轻松的运动。如果狗狗肥胖，或关节、心脏、呼吸系统有问题，最好降低狗狗的运动强度和运动时间，增加运动次数。最好每次散步10分钟。如果降低运动强度，减少运动时间，会减少狗狗的运动量，导致狗狗体重上升。此时运动的次数要比平时增加1.5~3倍。做一些轻松的运动也会减轻狗狗的负担。

如果是第一次散步和运动，首先要让狗狗适应带上牵狗绳的户外活动。

有的狗狗在带上牵狗绳之后，身体就不会动弹了。还有的狗狗会挣脱主人的控制，朝其他方向跑去，导致咳嗽或划伤皮肤。

最好在家让狗狗带上牵狗绳适应一下，狗狗如果害怕到户外，可以先抱着狗狗出门，然后再慢慢地带着狗狗走出去。可以给狗狗一些零食，表扬一下狗狗，让它慢慢适应。

注意事项

a. 不要在太热或太冷时带狗狗出去。

在室内生活的狗狗对寒冷特别敏感。反之，如果室外过热，会导致狗狗的体温急剧上升，引发致命的热射病。

b. 如果狗狗患有疾病，需要根据疾病的具体情况和兽医商谈之后再进行运动。例如，如果狗狗患有关节疾病或心脏疾病，运动量就需要低于正常的标准，给狗狗更多的休息时间。运动之后如果病症更加严重，就应该减少运动量。

c. 户外有很多可以引起狗狗好奇的事物。但要注意不能让狗狗因随意吞食异物或用腿触碰其他东西而受伤。特别是要更加留心那些好奇心强烈的狗狗。

d. 有时会突发交通事故而没有做好心理准备。不是狗狗一直跟着主人就能保证安全了。一定要给狗狗带上牵狗绳，防止突发事故。交通事故大部分都是因为主人的疏忽所导致的。

e. 狗狗有时会咬人或者被其他宠物咬。一定要给带有攻击性的狗狗带上宠物口罩或者牵狗绳。最好给这种狗狗定期注射狂犬病疫苗。没有攻击性的狗狗也会在外出散步时被其他狗狗咬，所以最好远离那些不认识的狗狗。

f. 散步之后要清理狗狗的脚垫和腹部。不仅要给狗狗清洗干净，还要给狗狗吹干，这样才能避免湿疹或皮肤病的发生。

🐕 狗狗的疾病中有会传染给人的吗?

Q.我好想养一只狗狗，可是妈妈说怕得病。狗狗的疾病真的会传染给人吗?

A.寄生虫、细菌、霉菌等是会在所有生物身上出现的。当然，根据种类的不同，成为宿主的对象也不同。实际上很少出现从宠物传染给人的情况。但目前也出现了罕见的人类被感染的报告，所以最好认真地给宠物进行身体清洁。应该定期给宠物驱虫，进行基本的健康管理，给狗狗提供一个健康的生活环境，这样就不用担心会被传染疾病了。

此外，有的疾病是人和动物都会感染的。譬如狂犬病，还有目前已经很少见的犬钩端螺旋体疾病等。但只要做好疫苗接种和卫生管理，就不用担心会被感染。

🐶 可以将孩子和狗狗一起养吗?

Q.我是一位刚刚生完宝宝的妈妈。我在结婚之前一直养狗，生完宝宝之后，我婆婆让我赶紧把狗狗扔掉，说对孩子不好。孩子和狗狗一起养真的会有问题吗?

A.这是大家一直争论的一个问题。

关于这个问题，有很多论文和观点，但从兽医的角度看，没有什么大问题。或者说反而"更好"（笔者有一个周岁的孩子，还有4只狗狗、1只猫，都在一起生活）。

和狗狗一起生活会提高孩子的免疫力，并能够感受到更加丰富的情感，对孩子的情感发育也有益处。有论文称，和狗狗一起成长起来的孩子可以更好地战胜皮肤过敏及其他疾病。

　　但如果小孩并没有把狗狗当成一个生命去尊重，而只是当成一个玩具去伤害狗狗，会给狗狗带来很大的压力，所以需要慎重考虑。反之，如果狗狗嫉妒孩子，讨厌孩子，会给整个家庭带来压力。综上所述，狗狗和孩子一起生活从健康层面没有任何问题，但从情感方面需要好好平衡狗狗和孩子之间的关系，这一点十分重要。

🐶 做了声带手术的狗狗会抑郁吗?

　　Q.我家狗狗叫得真够凶的。我给它戴上了防音项链，还送到训练所，但效果都只是暂时的，到头来都毫无用处。我对邻居们感到非常抱歉，邻居们也无法忍受，似乎只能做声带手术了。听说做声带手术会给狗狗带来很大的压力，还会患上抑郁症，真的是这样吗?

　　A.大多数做声带手术的狗狗都很不幸。声带手术在伦理方面是一种让人心情不愉快的手术，但是如果不管用什么方法也不能改善狗狗的狂吠行为，对于处在被扫地出门危机的狗狗来说也是可以和主人一起生活的最后方法。幸运的是，大部分的狗狗在声带手术后很快就适应了，过上了正常的生活。当然，也会有狗狗因为手术而产生疼痛或者声音出现变化而产生压力，但是随着时间的流逝，大部分的狗狗都会逐渐适应。另外，即使进行了声带手术，虽然比不得手术之前，但也会发出一些声音。

　　但声带手术后的狗狗发出的声音大部分是完全嘶哑或尖尖的声音，这种声音反而会使主人产生压力，这一点需要注意。

🐶 狗狗生病时可以给它吃人类的药，涂抹人类用的软膏吗

Q.如果狗狗咳嗽或者呕吐时，可以给它吃人类的感冒药和消化药吗？

A.狗狗的药和人类使用的药基本是相通的。实际上比起给狗狗吃宠物专用的药物，给它们喂人类的药物的情况会更多一些。但对于狗狗来说，特别是对于小型犬，药物的用量要比人类少很多，所以重点是要把握药物的用量。另外，即使是相同的药物，对动物也会产生致命的副作用，所以如果在不明确用法和用量的情况下就喂给狗狗是非常危险的。像泰诺林这种药物如果过量地喂给狗狗，就会出现严重的副作用。软膏也会因为种类或者含有类固醇等物质给狗狗造成副作用，最好在使用前向医院进行咨询。

绝对不能随便给狗狗吃药，希望主人们在给狗狗喂药之前一定要向兽医咨询。

🐶 给狗狗进行中医治疗会有效果吗

Q.我家狗狗有椎间盘脱出症，不喜欢让人摸它的腰部，它会很疼。有熟人说，狗狗也可以进行针灸治疗。中医疗法真的有效吗？

A.给狗狗进行的中医治疗中，最具代表性的就是针灸疗法了。针灸有很好的止痛效果，这一点已经被证实了。在外科、神经科中，已经有很多案例显示取得了良好的治疗效果。但中医是没有办法治疗构造性疾病的。例如，膝盖骨脱臼等。这些疾病即使使用针灸治疗，也不会让膝盖骨恢复。因此在接受中医治疗之前，一定要进行准确的诊断，重点是要判断狗狗的疾病能否通过中医治疗得到好转。

狗狗走丢了，怎么把它找回来

Q.不久之前，我家狗狗走丢了。我联系了附近的宠物医院，还发了很多传单，但都没有消息。我现在很担心，有什么方法能找回我的狗狗啊？

A.如果狗狗有名签、微芯片，就不用担心。

韩国的各个市郡都有指定的宠物医院和流浪动物保护所。如果人们发现流浪的动物，都会送到那里。如果宠物身上有身份标识，流浪动物保护所会马上联系主人。

如果没有身份标识，可以逐渐扩大范围去寻找。先联系宠物医院或指定的流浪动物保护所，登录流浪动物保护团体的网站查找消息，看看有没有流浪动物的信息更新，确认其中有没有自己的狗狗。近来有不少和流浪动物相关的App，可以使用SNS或这种App进行查找。

最好的办法莫过于进行宠物注册。

 医生的建议

什么是宠物注册？
从2014年1月1日起，凡是在韩国饲养宠物狗的居民，都要去市、区政府进行宠物注册。但是，不能指定宠物登记代办人的、岛屿地区除外。如果不登记将被处以40万韩元以下的罚款。

宠物注册的方法
1.插入嵌入式无线识别实体。
2.粘贴外置无线识别装置。
3.粘贴注册标牌。
进行宠物注册之后，如果发生宠物丢失的情况，可以在动物保护管理系统（www.animal.go.kr）中通过宠物注册信息轻松找到主人。

🐶 出国时想带宠物怎么办？

Q.我马上就要去美国留学了，想带我的狗狗一起去。需要做什么准备呢？

A.每个国家在出入国时都有自己的规定。需要有符合该国家检疫规定的接种记录和狂犬病抗体检查结果等。

还有一部分国家需要提交该国认证的检察机关的相关文件。

乘坐飞机时，能够带上飞机的物品有重量限制，带上飞机的宠物也有个数限制，所以需要事先确认。关于乘机的相关事项需要在出国前向航空公司确认。

5

养育不同品种狗狗的注意事项

不同品种的狗狗都有好发的疾病。下面以普遍饲养的几种狗狗为例，讲解一下狗狗主要出现的疾病。注意看一下有没有相应品种的狗狗出现类似的症状。

🐶 博美犬

▌博美犬经常出现原因不明的掉毛

特别是在给博美犬理发之后总会出现忽然掉毛的情况。虽然有研究表明是因为激素的缘故，可也有到最后也没有查出的掉毛现象。为了预防这种问题，在给狗狗理发的时候，要注意不要用推子直接推，最好用剪刀剪。博美犬发生膝盖骨脱臼等关节疾病和气管狭窄症的概率很高。如果博美犬肥胖的话，会让这些症状更加恶化，所以重点是要进行体重管理。

▌不能让狗狗太胖

博美犬发生膝盖骨脱臼等关节疾病和气管狭窄症的概率很高。如果博美犬肥胖的话，会让这些症状更加恶化，所以重点是要进行体重管理。

🐶 京巴、西施犬、日本神、波士顿梗犬等

█ 注意面部不能受到冲击

像这些眼睛很大的狗狗，哪怕面部受到一点冲击，眼球就会脱出。如果眼球严重脱出，就要进行眼球摘除，所以一定要注意不能让狗狗的头部受伤。

█ 眼睛需要终身保护

因为这些狗狗的眼睛大，很容易得角膜溃疡、青光眼、炎症等各种各样的眼病。重点是要对这些狗狗定期进行眼睛检查与管理。

█ 需要管理鼻子的褶皱

由于这些狗狗的鼻子是压下去的，鼻子背部的皮肤会有些褶皱。褶皱之间的皮肤可能会患病，或者因为褶皱的皮肤刺激角膜导致眼睛不好的情况。在出现症状时，可能需要去除褶皱，请多观察。

█ 短头犬综合征

短鼻狗狗可能会出现上颚下垂或鼻孔变窄而呼吸困难。如果狗狗总是发出呼哧呼哧的声音或者打呼噜太响，就需要做检查了。

骨骼畸形（骨头弯曲）

这些品种的狗狗很容易患有先天性的骨头弯曲。大部分是没有症状的，但如果骨头严重弯曲会给关节带来很大负担，所以需要检查。另外，如果狗狗体重过重，也会给关节带来负担，所以体重管理也是非常重要的。

椎间盘脱出

这些品种的狗狗容易患先天性椎间盘脱出。注意不能让狗狗体重过重，也不能让狗狗剧烈运动，这些都容易导致椎间盘脱出。在大跳或登山时尤其需要注意。

🐶 柯利牧羊犬

预防犬恶丝虫时需要注意

柯利牧羊犬在服用预防犬恶丝虫的药物——伊维菌素·米尔倍霉素时容易出现过敏反应。所以要避免给狗狗服用这种药物，可以换成其他预防药物。如果不服用预防药物，就需要定期进行检查。

注意狗狗是否流黄鼻涕、出鼻血

像柯利牧羊犬这种长头狗狗发生鼻腔感染的概率很高。特别是好发曲霉病这种霉菌感染，所以要避免让狗狗接触被污染的环境，保持环境清洁。如果狗狗流黄鼻涕或流鼻血，需要马上进行检查并治疗。

🐕 约克郡犬

▍体重管理很重要

约克郡犬出现先天性气管狭窄或膝盖骨脱臼的概率很高。如果狗狗体重过重，更容易加速疾病的恶化。所以需要一直进行体重管理。

▍多给狗狗喝水

这个品种的狗狗很容易出现结石。为了预防结石，最好的办法就是多给狗狗喝水，让狗狗多排尿。

🐕 小狮子犬

▍体重管理很重要

小狮子犬和博美犬、约克郡犬一样，出现气管狭窄或膝盖骨脱臼的概率很高。狗狗步入老年后，体重变重，发生糖尿病的概率也会变高，需要一直进行体重管理。

▍良好的饮食习惯

小狮子犬步入老年之后患糖尿病的概率高。除了体重管理之外，还需要有良好的饮食习惯（给狗狗吃专用的饲料），这也是预防疾病的一个好方法。

🐶 吉娃娃——千万不能撞到头部

吉娃娃的眼睛很大，头部只要受到一点冲击就会造成眼球脱出。而且还有很多吉娃娃先天性头盖骨没有闭合（又称"开天门"），所以在吉娃娃幼年时期，尤其注意不能让其头部受到冲击。头盖骨没有闭合的狗狗患脑积水（脑室中出现积水）的概率很高，需要仔细观察狗狗是否有走路异常或者癫痫的情况。

🐶 雪纳瑞

▌先天性脂肪代谢障碍

雪纳瑞有先天性脂肪代谢障碍，容易患高脂血症。需要通过饮食及体重管理尽最大努力去预防。

▌观察是否出现结石

雪纳瑞患泌尿系统结石的概率也很高。定期进行检查，观察小便的状态也很重要。

▌狗狗是不是看不见？检查视力

还有很多雪纳瑞患有视网膜萎缩或视神经发育不全等先天性视力障碍。这些疾病是不能够被预防和治疗的，所以确诊之后日常管理就尤为重要。

🐶 达尔马提亚犬——听不见

很多达尔马提亚犬有先天性听力丧失。如果听力丧失，是不能够被训练好的，也听不见主人说的话。不要武断地认为狗狗的性格有异常，最好给狗狗做一个听力检查。

🐶 沙皮犬、松狮犬——眼睛是否能睁开

像这种面部褶皱较多的狗狗，大部分眼皮也会有很多褶皱，或者耷拉下来。在这种情况下，眼皮或眉毛会刺激角膜，导致角膜溃疡，诱发视力衰退。赶紧检查一下狗狗是不是褶皱已经多到看不见眼球了，这样很容易让狗狗丧失视力。

🐶 查尔斯国王骑士犬——颈部是否疼痛？是否总喜欢抓挠？走路是否有异常

这个品种的狗狗很容易患头盖骨畸形中一种叫作后头骨畸形的疾病。如果狗狗颈部周围疼痛，或者总挠颈部，在走路的时候平衡失调，需要赶紧检查。

🐶 寻回犬、哈士奇、阿拉斯加犬、圣伯纳德犬等大型犬

股关节疾病

很多大型犬都患有先天性股关节疾病。如果股关节有问题，有可能会出

现坐不稳、走路摇摇晃晃、坐姿像青蛙一样的异常症状。股关节疾病虽然不能完全预防，但是可以通过体重管理和止痛药进行疾病管理。严重时需要手术。

▍各种肿瘤疾病

肝脏、脾脏等内脏很容易出现肿瘤。狗狗6岁以上需要定期通过健康检查及早发现疾病，这也是最好的治疗方法。

▍注意胃扩张、胃扭转！慢慢吃，充分休息

对大型犬来说，最可怕的疾病之一就是胃扩张和胃扭转。因为大型犬的腹腔很大，所以如果胃在腹腔内旋转并扭曲，会导致胃闭塞，气体和液体无法排出，从而扩张到像气球一样大，最后因血液无法流通而引发坏死。该疾病的致死率很高，预防很重要。

如果吃饭吃得过急，又马上进行剧烈的运动，那很容易诱发该疾病。所以要调节吃饭的速度，吃完饭之后要充分休息，不要刺激胃。最好的治疗方法是通过手术将胃部固定在腹壁，使其不会再扭转。

6

"治疗萌萌"狗狗美容室
（将狗狗打扮得美美的）

🐶 打理毛发

▌梳理毛发的方法

　　狗狗专用的梳子种类有，钉耙梳（Slicker Brush）、针梳（Pin Brush）、排梳（一字梳）。

钉耙梳

　　钉耙梳可以用于大部分的狗狗，适合作为有内毛的犬种使用的梳子。

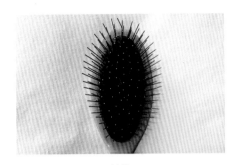

针梳适合马尔济斯犬、西施犬、约克郡犬这种毛发比较长的狗狗。

针梳

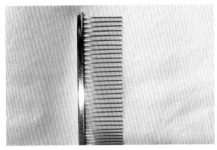

排梳（一字梳）可以在梳完毛发后整理时使用。

排梳：一字梳

　　给狗狗梳毛时，最好先用手捋一捋毛，然后再从内毛开始梳理。如果只梳外面，内部的毛梳不到，毛发就会缠绕在一起。

　　最好先用钉耙梳舒展毛发，再用排梳整理一下。如果有毛发缠绕到一起，可以先使用Detangle（狗狗专用香波）等产品对毛发进行护理，然后再整体梳理。

梳毛顺序：先用钉耙梳舒展毛发，再用排梳整理

每天梳理狗狗毛发可以防止毛发卷到一起，也可以很好地维持皮肤的状态和毛发的质量。

给狗狗扎头发的方法

扎一条辫子

把两侧眼睛部分和耳朵部分的毛发扎到一起，编成一条辫子。

扎两条辫子

如果毛发量多，可以分成两部分，编成两条辫子，这样眼睛前面的毛不能挡住视线，显得很漂亮。

整理其余毛发

如果捆完之后还有剩余的毛发，可以用卡扣或者夹子给固定住。

被捆起的部位要每天梳理才能不打结、防止脱毛。

增强毛发质量的产品

Fluff & Puff

—制造公司：Nature's Specialities mfg. (USA)

—功能与效果：对皮肤和毛发具有保湿作用及调理效果。具有缓解及防止毛发静电、缠绕、杂乱的效果。

—用法：用洗发水洗过之后，在吹干时轻轻喷在皮肤和毛发上，在日常生活中对皮肤和毛发起到保湿作用。

Zoic Furmake Essence Moisture

—制造公司：Heartland Co.Ltd (Japan)

—功能与效果：润滑的喷雾式精华，可以让长毛宠物的发丝更加丰润细腻。

—用法：用洗发水洗过之后擦干水珠，将全部的毛发都喷一遍，然后用吹风机均匀吹干，用梳子整理毛发。

Isle of Dogs Everyday Silky Coating Brush Spray

—制造公司：Isle of Dogs Corp. (USA)

—功能与效果：是一款防静电，消除毛发打结，避免宠物受伤的喷雾。可以增加长毛狗狗毛发的柔软感并赋予光泽。还会防止灰尘之类的污染物质附着在毛发上，从而保持毛发的清洁感。

—用法：在毛发上喷上适量的喷雾，轻轻梳理。散步前喷在毛发上，可以防止沾染灰尘。

Isle of Dogs Everyday Lush Coating Brush Spray

—制造公司：Isle Of Dogs Corp. (USA)

—功能与效果：本产品是一款造型喷雾，可以使用它来为您的宠物进行毛发定型，使用它会让宠物变得非常可爱，可以帮助您做出想要的发型。

——用法：拿起狗狗的毛，从根部向外喷，轻轻梳理，会让毛发变得蓬松。

No.63 Detangle Conditioning Mist

——制造公司：Isle Of Dogs Corp. (USA)

——功能与效果：对整理中等偏长毛发的狗狗很有效。本产品能帮助您整理缠在一起的毛发，并保持毛发的整齐状态。可以防止毛发缠绕，使用时不会粘手。

——用法：喷在打结的毛发上2分钟左右，使用时没有黏稠油腻的感觉，不必用水冲洗。

No.62 Evening Conditioning Mist

——制造公司：Isle Of Dogs Corp. (USA)

——功能与效果：含有低温压缩的纯月见草油（Evening Primrose Oil，含有必需脂肪酸Omega-6）。本产品有月见草油和香草提取物，可以镇定皮肤，缓解瘙痒症状，还能给毛发带来光泽。而且清爽的气味对控制体臭也有效果。

——用法：轻轻喷在毛发和梳子上，均匀地梳理。这样可以在每天使用的时候达到最佳效果。

 医生的建议

适当的美容频率

大部分美容要在一个半月到两个月的时间内进行一次，这对维持毛发的风格和管理毛发有所帮助。

7~10天洗一次澡比每天洗澡要好，最好是每天给狗狗梳理毛发。洗澡后要完全晾干，皮肤才会保持健康。洗澡时最好给狗狗去除脚底的毛，清理肛门囊，检查并整理脚趾甲。

短毛狗狗和猎犬的洗澡时间最好比一般犬种长一些。

🐶 美容的风格

▌全身的风格

用剪刀剪

用剪刀剪——用剪刀把身上的毛剪成圆圆的形状。

混合剪

用推子推——用推子推去全身的毛，只留脸部、耳朵和尾巴的毛。

用推子推

混合剪——用推子推掉全身的毛，腿上的毛用剪刀进行打理。

▌脸部的造型

尤其是卷毛狮子狗，可以多尝试几种脸部的造型。

泰迪造型

小胡子造型

古典造型

西蓝花造型

比熊造型

▌耳朵的造型

婴儿造型

搭配脸型做成圆形

短发造型

长发造型

脚部的造型

长靴造型

水滴造型

露出脚趾

留长脚部的毛做成圆形

以上是基本的造型说明。可以根据狗狗的品种和主人的喜好做成各种各样的造型。

❓ 举手提问！

Q. 给狗狗美容之后皮肤变差了！

A.有一些狗狗做了美容之后皮肤就变红，或者长出痘痘之类的东西。经常被人们误解是不是因为理发推子脏而感染了皮肤病。大部分的推子会对皮肤产生一定的刺激。有这种刺激性皮炎的狗狗最好不要将毛剃光。推子的刀锋会刺激皮肤，所以用剪刀比推子更好，或者也可以使用那种能留一部分毛发的推子。另外，在美容前后注射一些抗过敏的药物，可能也会有所帮助。

동물병원 119 : 강아지 편

©2022，辽宁科学技术出版社。
著作权合同登记号：第 06-2021-188 号。

图书在版编目（CIP）数据

狗狗家庭医学健康百科 /（韩）李俊燮，（韩）韩贤贞
著；梁超译 . —沈阳：辽宁科学技术出版社，2022.8
ISBN 978-7-5591-2519-4

Ⅰ . ①狗… Ⅱ . ①李… ②韩… ③梁… Ⅲ . ①犬
病—防治 Ⅳ . ① S858.292

中国版本图书馆 CIP 数据核字（2022）第 090793 号

出版发行：辽宁科学技术出版社
　　　　　（地址：沈阳市和平区十一纬路25号　邮编：110003）
印 刷 者：辽宁新华印务有限公司
经 销 者：各地新华书店
幅面尺寸：170mm×240mm
印　　张：19.5
插　　页：4
字　　数：400千字
出版时间：2022年8月第1版
印刷时间：2022年8月第1次印刷
责任编辑：朴海玉
版式设计：袁　舒
封面设计：霍　红
责任校对：闻　洋

书　　号：ISBN 978-7-5591-2519-4
定　　价：98.00元

联系电话：024-23284367
邮购热线：024-23280336